図解入門
How-nual
Visual Guide Book

よくわかる最新
アンテナ工学の基本と仕組み

アンテナの能力と特徴が数式でわかる

吉村 和昭／重井 宣行 著

秀和システム

はじめに

地上デジタルテレビジョン電波の送受信は勿論、スマートフォンやその基地局の電波の送受信、車両、船舶、航空機などに搭載されている通信機器、時刻の自動修正を行う電波時計、電波時計で利用している長波標準電波の送信所など電波を送信または受信するにはアンテナが必須です。電波法第2条で「電波とは、300万メガヘルツ以下の周波数の電磁波をいう」と規定されています。電波の速度c〔m/s〕、周波数f〔Hz〕、波長λ〔m〕の関係は、$c = f\lambda$となり、これより周波数の低い電波の波長は長くなり、周波数の高い電波の波長は短くなることが分かります。アンテナの寸法は電波の波長に依存します。スマートフォンのように、一見アンテナがあるかないか分からないものもありますが、これは、スマートフォンが使用している電波の周波数が高いことを表していると云えます。

アンテナを空中線と呼ぶのは、無線通信の初期の時代に波長の長い電波を使用していたため空中に長い電線を張ったからです。時代とともに使用電波の周波数が高くなり（波長が短くなり）、アンテナも「線状アンテナ」から「アレーアンテナ」「開口面アンテナ」「平面アンテナ」「電子走査アンテナ」など多くのアンテナが開発され、アンテナは薄く小型化し、利得も高くなるなど性能も飛躍的に向上しています。

本書は、アンテナの専門書でなく、アンテナの製作を目的とした内容でもありません。アンテナの専門書、製作記事などを読むことができる導入書を意識しています。そのため、基本事項に絞って、結果だけでなく過程を少し丁寧に記述したつもりです。

掲載した写真は、引用を明記してあるもの以外は、筆者が撮影したもの、若しくは倉持内武氏、西本隆夫氏、秋山典宏氏から提供していただいたものです。謹んでお礼申し上げます。

本書が少しでも「アンテナ」に興味を持っていただくきっかけになれば幸いです。

2023年8月

筆者しるす

よくわかる
最新アンテナ工学の基本と仕組み

CONTENTS

第6章 1/4波長垂直接地アンテナと垂直系アンテナ

第7章 アレーアンテナ

第8章 立体アンテナ

第9章 平面アンテナ

第10章 アンテナの利得の表し方

第11章 伝送線路、給電線と整合

第12章 実際のアンテナ

第13章 電波の伝わり方

第1章

アンテナで捉える電波の基本

スマホのアンテナは外からは見えませんが、アンテナは電波を送受信するためには必ず必要です。電波は電磁波の一種で1秒間に30万km進む横波です。本章は、電波の速度、周波数、波長、周期、偏波、周波数による分類などについて記述してあり、アンテナの長さ（大きさ）が電波の波長と密接な関係にあることを確認します。

1-1

電波の発見から実用化

電波の存在の予測、電波の存在の確認実験を経て実用化に至る歴史をおさらいし、電波とは何かについて説明します。

電波の発見

1864年、イギリスの**マクスウェル**（J. C. Maxwell,　1831～1879年）は、電波の存在を理論的に示し、1888年、ドイツの**ヘルツ**（H. R. Hertz,　1857～1894年）により、電波の存在が実証され、1895年、イタリアの**マルコーニ**（G. Marconi, 1874～1937年）が無線電信の実験に成功し、実用化に第一歩を踏み出しました。

その後、電波を持続的に発生させることのできる真空管やトランジスタの発明があり、特定の周波数の発生も可能になり、使用できる周波数が徐々に高くなり、その利用範囲も広がってきました。さらに半導体集積回路の性能の飛躍的な向上、水晶発振器の研究・製造技術の向上により、周波数の確度、精度、安定度が向上し、通信、放送、物標の探知、位置の測定など多くの分野に電波が利用され、情報の伝送のみならず、人命の安全確保にも大きく貢献しています。

また、電波は1mの長さを決めるのにも使われています。

電波の周波数の上限は電波法第2条で決められていますが、下限は定められていません。

光（電磁波）で1mの長さを決める？

現在、1mは、「光が真空中で299,792,458分の1秒の間に進む距離」です。先人が一所懸命に光速を測定しましたが、光速は定義（曖昧さが無いこと、不変であること、万人に受けいられることが重要）値となり、光速の測定は意味が無くなっています。電波は1mの長さを決めるのに不可欠になっています。

しかし、電波法第100条で、「電線路に10kHz以上の高周波電流を通ずる電信、電話その他の通信設備を設置しようとする者は当該設備につき、総務大臣の許可を受けなければならない。」とされていますので概ね下限は10kHz程度と考えることができます。

電波とは

国際電気通信連合は、電波を「人工的導波体の無い空間を伝搬する、3,000GHzより低い周波数の電磁波」と定義しています。国内的には、電波法第2条で、「電波とは三百万メガヘルツ（3,000GHzと同じ）以下の周波数の電磁波をいう」と定義しています。

物理的には電波は、次のようなものとされています。

（1）　電波は電界と磁界から成る横波である。
（2）　電界も磁界も物質ではないので、電波は物質ではなく、重さもない。
（3）　電波は真空中でも伝わる。
（4）　電波はエネルギーを伴って伝搬する。
（5）　電波は、毎秒30万kmの速さで進む。

電波は誰のもの

戦前の無線電信法では「無線電信及び無線電話は政府これを管掌す」とされ「電波は国家のもの」でしたが、昭和25年6月1日に施行された現在の電波法で「電波は国民のもの」になり、電波法第1条で「電波法は、電波の公平かつ能率的な利用を確保することによって、公共の福祉を増進することを目的とする。」とされました。

1-2

電波の速度

電波と光の速度は同じです。多くの人々が光速を測ってきましたが、1973年に光速は真空中で、299,792,458 m/sと定義されました。

▶▶ 真空中の電波の速度

電波も光も電磁波であり速度も同じです。真空中の光の速度を c〔m/s〕とすると、光の速度は、真空中では次のように定義されています。

$$c = 299{,}792{,}458\ \mathrm{m/s} \qquad \cdots (1.1)$$

（覚え方：憎くなく（29979）、二人寄れ（24）ば、いつもハッピー（58））

しかし、一般に光速は、次に示す値で計算すれば充分です。

$$c = 3\times10^{8}\ \mathrm{m/s} \qquad \cdots (1.2)$$

▶▶ 媒質中の電波の速度

真空中の電波の速度※ c〔m/s〕は、真空中の誘電率を ε_0〔F/m〕、透磁率を μ_0〔H/m〕とすると、次式で表すことができます。

$$c = \frac{1}{\sqrt{\varepsilon_0\mu_0}}\ \text{〔m/s〕} \qquad \cdots (1.3)$$

真空の誘電率 ε_0、透磁率 μ_0 は、それぞれ次に示す値になります。

$$\varepsilon_0 = 8.85\times10^{-12}\ \mathrm{F/m} \qquad \cdots (1.4)$$

$$\mu_0 = 4\pi\times10^{-7}\ \mathrm{H/m} \qquad \cdots (1.5)$$

※電波の速度 c は、定数を示す英語の「constant」の頭文字、速さを示すラテン語の「celeritas」の頭文字の説があるようです。

一般の媒質では、誘電率 ε と透磁率 μ の値は、真空の誘電率 ε_0、透磁率 μ_0 との比である比誘電率 ε_s と比透磁率 μ_s を使って表され、$\varepsilon = \varepsilon_0\varepsilon_s$、$\mu = \mu_0\mu_s$ となります。

磁性体でなければ $\mu_s = 1$ としてよいので、一般の媒質中における電波の速度 v〔m/s〕は次式で表されます。

$$v = \frac{1}{\sqrt{\varepsilon\mu}} = \frac{1}{\sqrt{\varepsilon_0\varepsilon_s\mu_0}} = \frac{1}{\sqrt{\varepsilon_0\mu_0}} \times \frac{1}{\sqrt{\varepsilon_s}} = \frac{c}{\sqrt{\varepsilon_s}} \quad \text{〔m/s〕} \qquad \cdots (1.6)$$

式（1.6）は比誘電率 ε_s が 1 より大きいため、媒質中の電磁波の速度は真空中の速度より遅くなることを表しています。

光速の概要を得る

光は 1 秒間に地球を 7.5 周すると習ったことがある人も多いと思います。地球の周囲は 4 万 km ですので、1 秒間に 40,000km×7.5 = 300,000km 進むことになります。すなわち、3×10^8 m/s になります。

地球の半径を計算する

地球を完全な球体と考え、地球の半径を R〔m〕とすると、1 周の長さは $2\pi R$〔m〕となります。光は 1 秒間に地球を 7.5 周するので、$2\pi R\times7.5 = 3\times10^8$ が成り立ちます。これから地球の半径を次のように計算できます。

$$R = \frac{3\times10^8}{2\pi\times7.5} = \frac{3\times10^8}{2\times3.14\times7.5} = \frac{3\times10^8}{47.1} \fallingdotseq 6{,}369\times10^3\ \text{m} = 6{,}369\ \text{km}$$

水中で電波は伝わるの？

電波は、水中や土中では減衰が大きく深くは侵入できません。海水や土などの媒質中の導電率、誘電率などが影響して、海水中や土中の電波の伝わり方が決まります。

1 kHz の信号で約 8 m 程度、1 MHz の信号で約 0.3 m 程度しか海中に入れないため潜水艦の通信には 22 kHz 付近の周波数が使われています。それでも深く潜行しての通信は難しく、せいぜい数 m 程度の潜行をしているとき以外は通信をすることが困難です。

土中においては、1 kHz の信号で 5km 程度です。海中に比べると伝わる距離は長くなり、周波数が数 kHz～1 MHz 程度の信号で資源探査、1 MHz～100 MHz 程度の信号で地層探査、100 MHz～1 GHz 程度の信号で埋没物探査が行われています。

1-3

電波の周波数と波長

電波の速度c〔m/s〕、周波数f〔Hz〕、波長λ〔m〕の関係は$c = f\lambda$となります。周波数f〔Hz〕と周期T〔s〕は逆数の関係です。

電波の速度、周波数、波長の関係

図 1.1 に示すように、1 秒間に繰り返しが何回起きるかを「**周波数**」、1 つの波の繰り返しに要する時間を「**周期**」といいます。周波数f(**Frequency**)の単位は〔Hz〕(ヘルツ)、周期T(周期は cycle ですが、時間 Time の頭文字Tで表す)の単位は〔s〕(秒)で表します。周波数fと周期Tは逆数の関係にあるので、次式で表すことができます。

$$f = \frac{1}{T} \quad T = \frac{1}{f} \qquad \cdots (1.7)$$

図 1.1　電波の周期

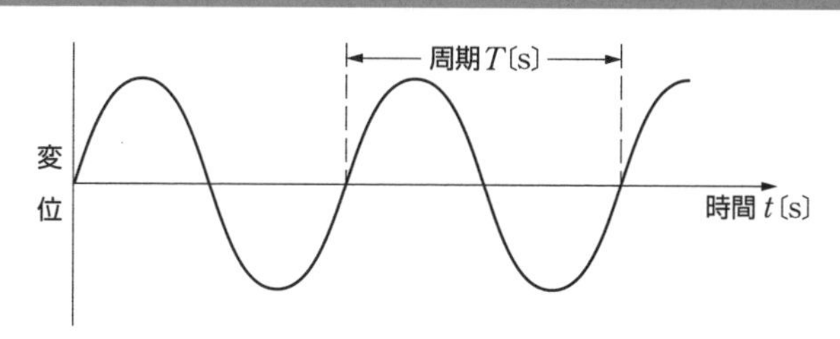

図 1.2 に示すように、A 点と B 点の距離を波長といいます。周波数f〔Hz〕は 1 秒間の波の繰り返し数ですので、1 つの波の長さである波長λ〔m〕を掛けると、1 秒間に波が進む距離、すなわち速度c〔m/s〕になり、次式で表すことができます。

$$c = f\lambda \qquad \cdots (1.8)$$

式 (1.8) より、次式が成り立ちます。

$$f = \frac{c}{\lambda} \qquad \lambda = \frac{c}{f} \qquad \cdots (1.9)$$

図1.2　電波の波長

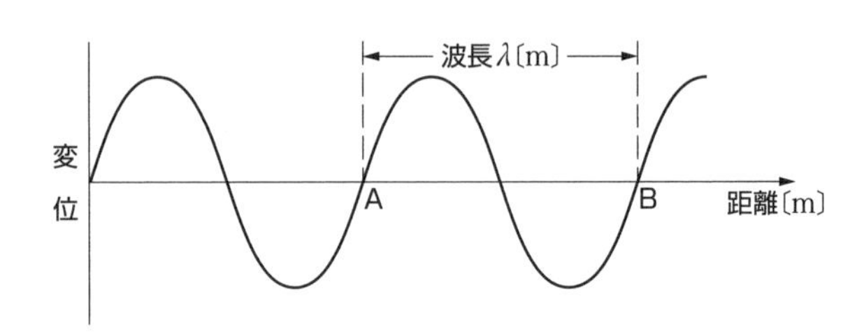

例えば、周波数 80 MHz の FM 放送の電波の波長 λ〔m〕は次のように計算します。単位をそろえて計算しますので、80MHz は 80×10^6 Hz とします。

$$\lambda = \frac{c}{f} = \frac{3 \times 10^8}{80 \times 10^6} = \frac{300}{80} = 3.75 \text{ m} \qquad \cdots (1.10)$$

式 (1.9) を使用して、電波法第 2 条に規定されている電波の上限の周波数である 300 万 MHz の波長 λ〔m〕を求めると次のようになります。300 万 MHz は 3×10^{12} Hz なので、

$$\lambda = \frac{c}{f} = \frac{3 \times 10^8}{3 \times 10^{12}} = 10^{-4} \text{ m} \qquad \cdots (1.11)$$

すなわち電波の上限となる周波数の波長は 0.1 mm となります。波長が 0.1 mm より短い領域の電磁波は、図 1.3 に示す赤外線、可視光線、紫外線、X 線、γ（ガンマ）線があります。

電波の波長による分類と主な用途を表 1.1 に示します。

図1.3　電磁波の分類

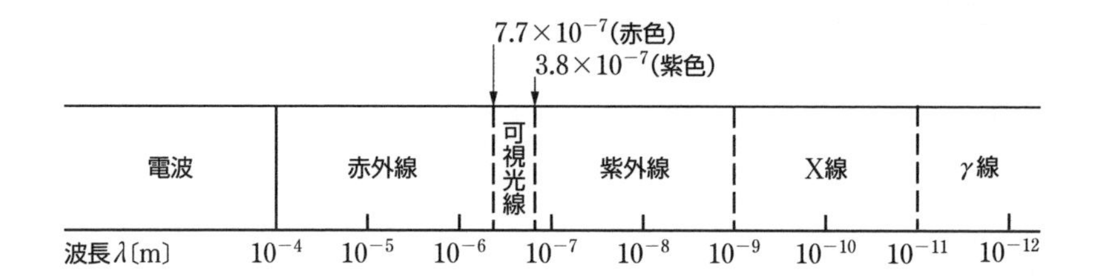

表1.1　電波の波長による分類と主な用途

波長	名称	英略称	周波数範囲	用途の例
100km～10km	超長波	VLF	3kHz～30kHz	潜水艦通信、海底探査
10km～1km	長波	LF	30kHz～300kHz	標準電波
1km～100m	中波	MF	300kHz～3MHz	AMラジオ放送、ナブテックス
100m～10m	短波	HF	3MHz～30MHz	短波放送、船舶通信、アマチュア無線
10m～1m	超短波	VHF	30MHz～300MHz	FM放送、航空管制通信、船舶通信、警察通信、消防通信、アマチュア無線
1m～10cm	極超短波	UHF	300MHz～3GHz	TV放送、携帯電話
10cm～1cm	センチ波	SHF	3GHz～30GHz	衛星放送、レーダ
1cm～1mm	ミリ波	EHF	30GHz～300GHz	宇宙通信、レーダ
1mm～0.1mm	サブミリ波		300GHz～3THz	距離計

補足：波長1m～1mm程度をマイクロ波と呼ぶことがあります。

VLF：Very Low Frequency　LF：Low Frequency
MF：Medium Frequency　HF：High Frequency
VHF：Very High Frequency　UHF：Ultra High Frequency
SHF：Super High Frequency　EHF：Extremely High Frequency

1-4

電波の特徴

電波は電界と磁界からなる横波です。電界が地面に対して垂直になるのを垂直偏波、電界が地面に対して水平になるのを水平偏波といいます。

縦波と横波

波が伝搬する方向を進行方向とするとき、変位が進行方向と同じ向きに生じる場合を**縦波**、進行方向に直角の向きに生じる場合を**横波**といいます。音波は縦波で変位量は音圧で、進行方向に変化します。

電磁波は横波で変位量は電界と磁界で、変位の方向は電界も磁界も電磁波の進行方向と直角になります。

電波の偏波面

電磁波は**電界**と**磁界**が時間的に変化しながら伝搬します。通常、電界と磁界は同時に存在します。電界と磁界の振動方向はどちらも、その進行方向に直交する面内にあり、お互いに垂直になっています。この振動面を偏波面といい、進行している電波のある瞬間を見た場合、電界は図 1.4 のように描くことができます。

偏波面が、波の進行方向に対して一定である場合を**直線偏波**といいます。

図 1.4　ある瞬間における電波の電界の大きさ

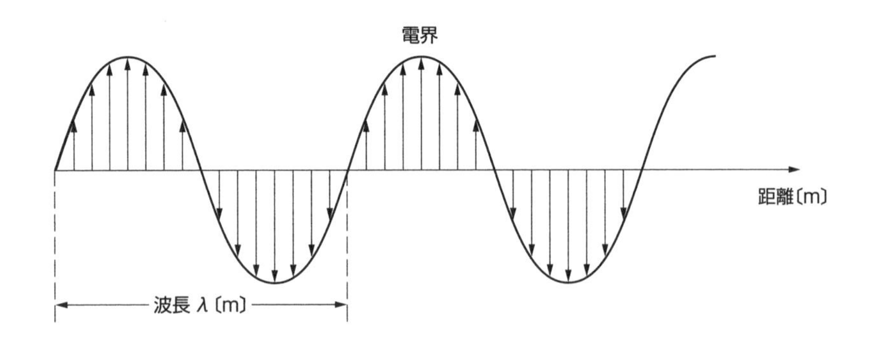

直線偏波の電波の場合、図 1.5 (a) に示すように電界が地面に対して垂直の場合を**垂直偏波**、図 1.5 (b) に示すように電界が地面に対して水平の場合を**水平偏波**といいます。この図では水平面を地面としています。

実線で示したのが電界、点線で示したのが磁界の振動方向を示しています。

図 1.5　垂直偏波と水平偏波

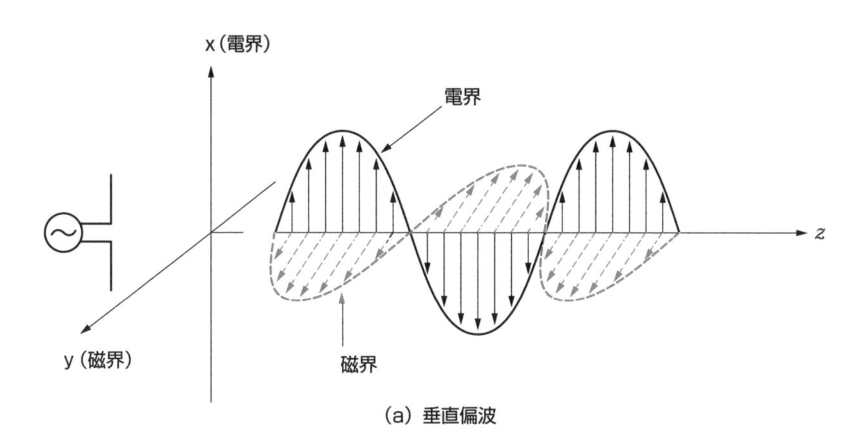

(a) 垂直偏波

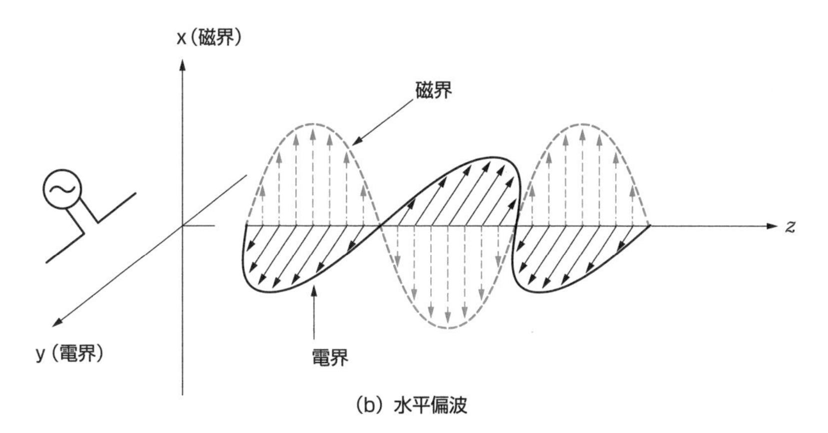

(b) 水平偏波

電波が非等方性媒質である電離層で反射する場合などは、直線偏波として伝搬することはありません。

例えば、図 1.6 に示すように、直交している 2 本のアンテナに等しい振幅で位相が 90° 異なる電波を加えると、放射される電波は直線偏波にならず、**円偏波**になります。

電波が z 軸方向に伝搬するとき、ベクトルの先端は、①→②→③→④と右回転をするため**右旋円偏波**といいます。加える 2 つの電波の振幅が等しくない場合は**楕円偏波**になります。

図 1.6　直交する 2 本のアンテナから放射される電波（右旋円偏波）

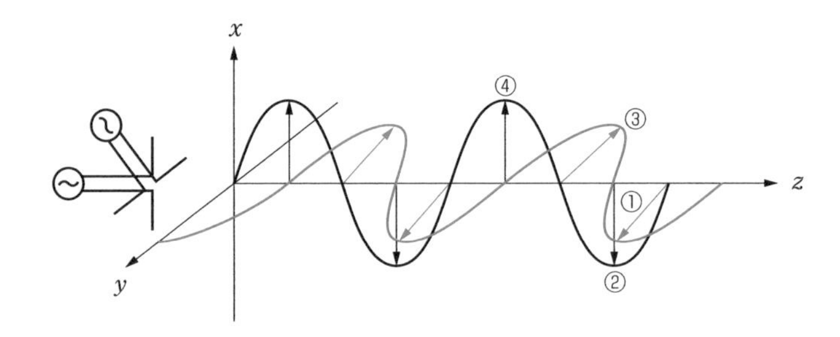

図 1.7 のベクトルの先端は、①→②→③→④と左回転をするため**左旋円偏波**といいます。

図 1.7　左旋円偏波

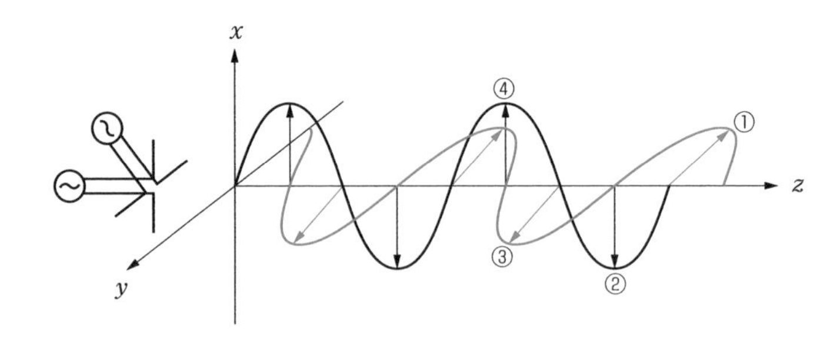

電波を受信する場合、受信電波がどのような偏波で送信されているのかを考慮してアンテナを設置する必要があります。

受信アンテナの向きを電界の方向に一致するように置くと、電波の受信効率が良くなります。テレビアンテナを地面に水平に設置することが多いのは、多くのテレビ放送局からは水平偏波の電波が送信されているからです。

写真 1.1 に水平偏波を受信し易いように設置したアンテナの例、写真 1.2 に垂直偏波を受信し易いように設置したアンテナの例を示します。水平偏波アンテナはアンテナ素子のアルミ棒が地面に水平に、垂直偏波アンテナはアンテナ素子のアルミ棒が地面に垂直になるように設置されています。

▼写真 1.1　水平偏波アンテナの例

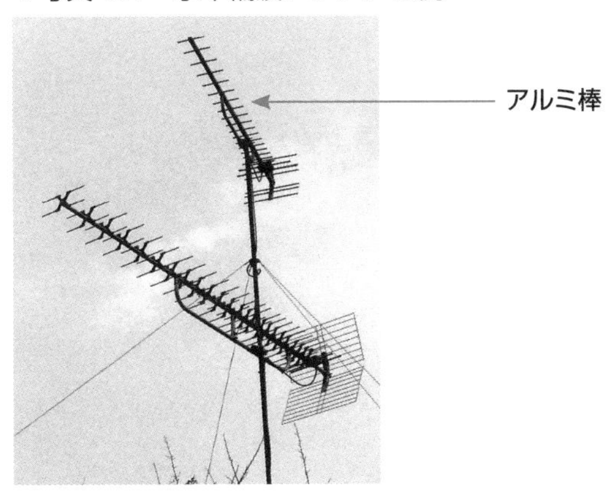

▼写真 1.2　垂直偏波アンテナの例

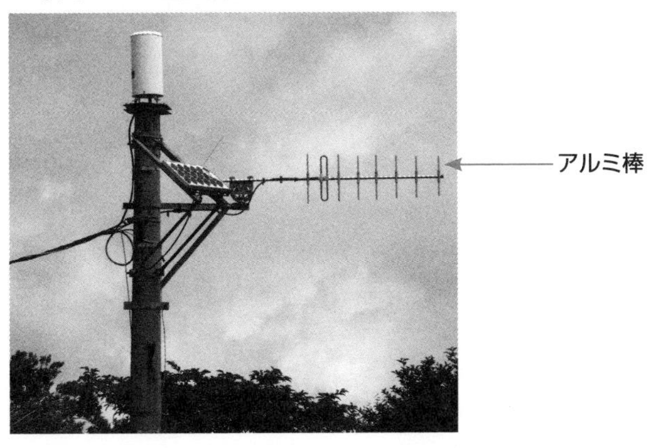

NOTE

第2章

アンテナの基本

マルコニー（伊：ノーベル賞の受賞者）がモールス符号を用いた無線通信実験を行ったのが1895年、大西洋横断無線通信実験に成功したのが1901年です。この頃、ヨーロッパ各国は競って無線通信の実用化に向けていろいろな取り組みがなされていたようですが、マルコニーが無線通信の発明者として名を残しているのは、マルコニーが通信距離を延ばすために「アンテナ（空中線ともいう）を用いたから」であるといわれています。アンテナは昆虫の触角という意味で、通常、送信用アンテナは、受信用アンテナとしても使うことができます。本章では、アンテナの基本について説明します。

2-1 電波の送信と受信に必要なアンテナ

アンテナは送信機で発生させた電波を空間に放射し、空間の微弱な信号を受信機に導く役目をします。

電波の送受信に必須のアンテナ

電波の送受信にアンテナは必要不可欠です。ラジオ放送局やテレビ放送局からニュースや音楽番組を電波に乗せて送信するには送信用アンテナが必要です。また、ラジオやテレビの番組を視聴できるのは、希望する放送局の電波をアンテナで捉えて電圧に変換することにより可能になります。

スマートフォン（以降、「スマホ」）で情報をやりとりできるのも、基地局のアンテナとスマホに内蔵されているアンテナがあるからです。

電波の存在の実証実験を行ったときのアンテナ

ヘルツ（独）は電波の実証実験を数々行っていますが、一般には1888年（明治19年）に発表した実験を電波の存在を実証した年とされています。論文名は「直線状の電気振動が近くの電気回路に及ぼす作用」で、実験に使用した装置を図2.1に示します。

送信回路は、直径5 mmの銅線を水平に配置し、両端に直径30 cmの球を取り付け、中心間の距離は100 cm。銅線の間隔abは7.5 mm、両側にはインダクションコイルが取り付けられています。

受信回路は、直径2 mmの銅線を半径35 cmの円形とし、電線間隔abは調整可能としています。送受信回路の距離は10 mです。

これらの実験装置で発生する電波は、放電により発生する広い周波数帯域を持った電磁波です。ヘルツはマクスウェル（英）の電磁波理論の確認のために実験を行いましたが無線通信に応用するために行ったわけではないようです。残念ながらヘルツは38歳の若さでこの世を去っています。

図2.1 ヘルツの実験装置

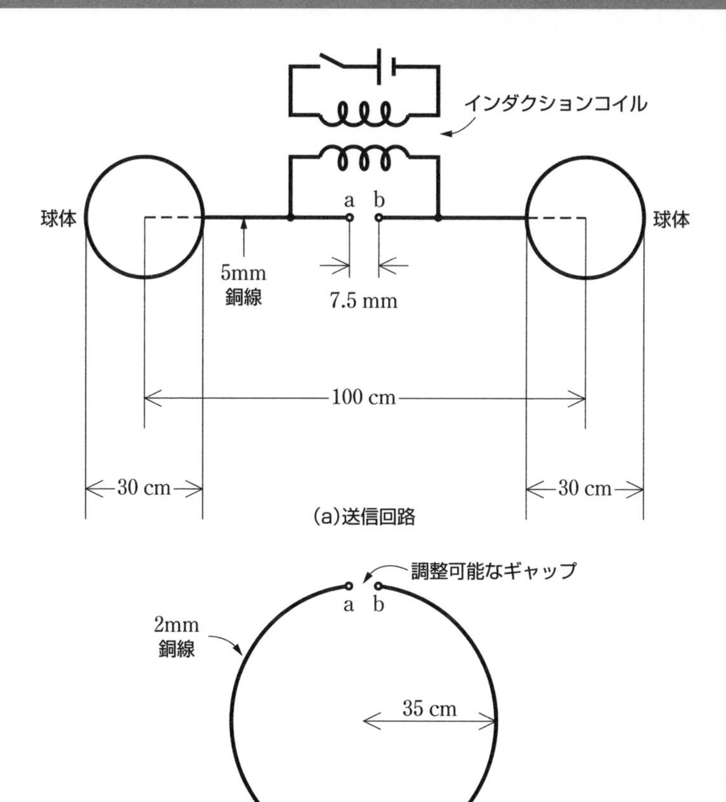

2-2 基本アンテナ

基本アンテナに1/4波長垂直接地アンテナと半波長ダイポールアンテナがあります。アンテナはその位置によって電流の大きさ、電圧の大きさが異なります。

アンテナの寸法

使用する電波の波長からアンテナの長さが決まり、波長が長ければアンテナは長くなり、波長が短ければアンテナも短くなります。空中に置かれているアンテナには数々の電波により誘導起電力を生じます。これらの中から希望する電波を受信しようとすると、アンテナを希望する電波の周波数に共振させる必要があります。

スマホのアンテナが外から見えないということは、寸法が小さいことを意味し、それは周波数が高いことを示しています。

タクシーや消防車のアンテナは車の屋根に設置してあり我々の目で確認することができます。

これは、スマホで使用している電波よりも波長が長いことを意味し、それはスマホが使用している電波の周波数より低い周波数であることを示しています。

このように、使用する電波の周波数とアンテナの長さを合わさないと、無線通信が容易に行えません。使用する電波の周波数とアンテナの寸法（電気的なアンテナ長）が合致した状態を固有周波数（アンテナの共振周波数）といい、このときの波長を「固有波長」といいます。

1/4波長垂直接地アンテナ

1/4波長垂直接地アンテナはモノポールアンテナともいいます。図2.2に示すように1/4波長の長さの導線を垂直に設置したものです。

高周波電流を加えると、電流分布は図2.2に示すように、電流は基部で最大、先端部で0になります。接地アンテナでは、1/4波長のときを固有周波数といい、そのときの波長を固有波長といいます。1/4波長垂直接地アンテナの入力インピーダンスは、アンテナの長さlにより変化し、波長をλとすると、$l<\lambda/4$のときはキャパシティブ（コンデンサ成分が強く）に、$l=\lambda/4$のときは共振、$\lambda/4<l<\lambda/2$のと

きはインダクティブ（コイル成分が強く）になります。接地アンテナの詳細は、第6章を参照してください。

図2.2　1/4波長垂直接地アンテナ

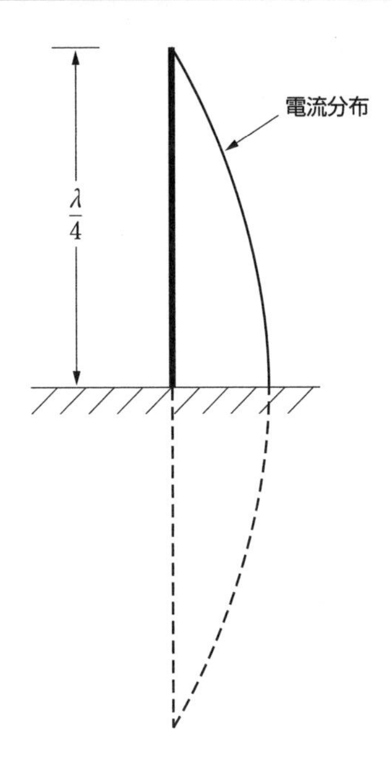

半波長ダイポールアンテナ

半波長ダイポールアンテナは図2.3に示すように長さが1/2波長の導線を空中に展張した非接地アンテナです。

高周波電流を加えると、電流分布は図2.3に示すようになり、電流は中心部で最大、先端部で0になります。半波長ダイポールアンテナは、波長をλとすると$\lambda/2$に対応する周波数が基本周波数ですが、$\lambda/2$の整数倍の周波数でも共振します。

半波長ダイポールアンテナの詳細は、第4章を参照してください。

図2.3 半波長ダイポールアンテナ

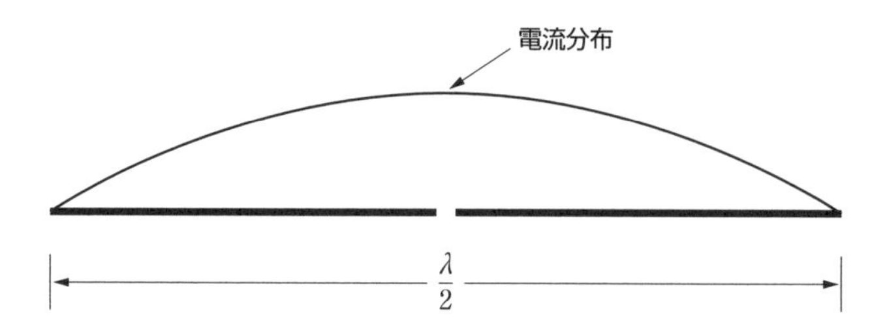

アンテナへの給電と等価回路

アンテナに給電する場合、図 2.4 (a) のように、中心の電流最大の部分から給電する場合を**電流給電**といい、電流 I が最大で電圧 V が最小になるためインピーダンスが最小となり等価回路は図 2.4 (b) の**直列共振回路**になります。

一方、図 2.5 (a) のように、電圧最大の部分から給電する場合を**電圧給電**といい、電流 I が最小で電圧 V が最大になるためインピーダンスが最大となり等価回路は、図 2.5 (b) の**並列共振回路**になります。

抵抗成分 R_e〔Ω〕、インダクタンス成分 L_e〔H〕、キャパシタンス成分 C_e〔F〕を**空中線定数**といいます。

図2.4 電流給電とアンテナの等価回路

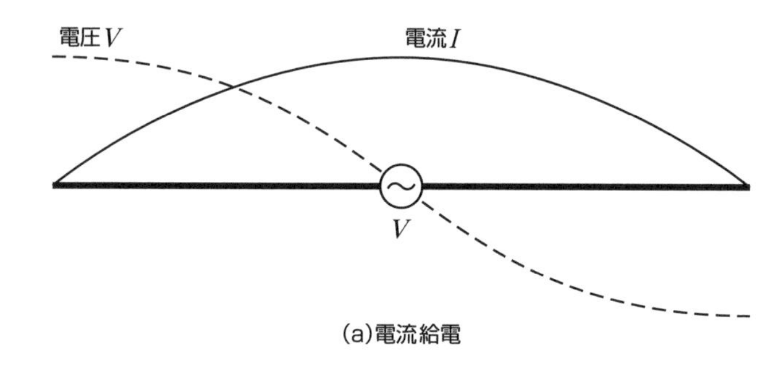

(a)電流給電

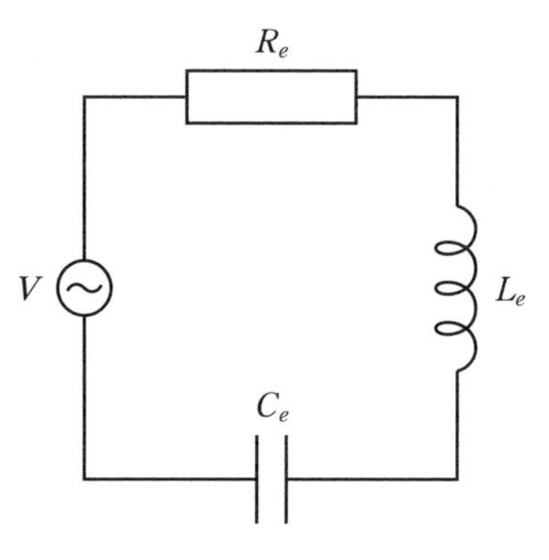

(b)電流給電の等価回路

図2.5　電圧給電とアンテナの等価回路

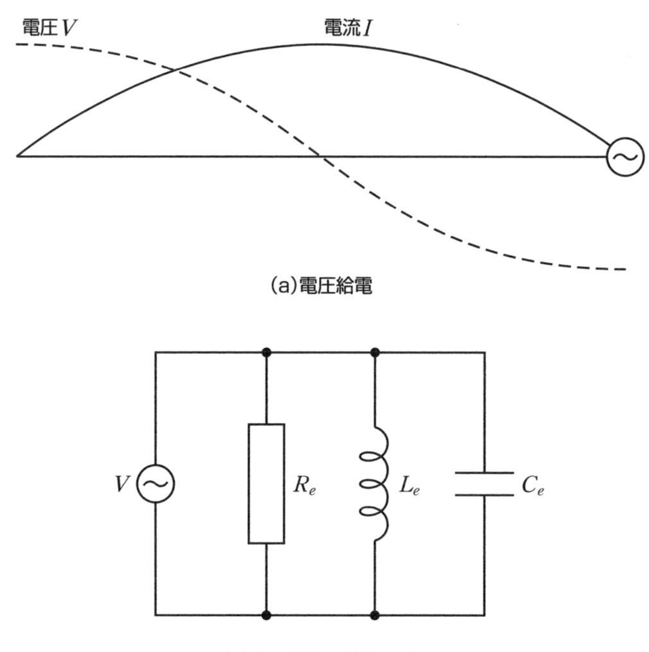

(a)電圧給電

(a)電圧給電の等価回路

2-3 電界型アンテナと磁界型アンテナ

受信する電波の波長と同程度の長さのアンテナを電界型アンテナ、電波の波長に比べ長さの短いアンテナを磁界型アンテナといいます。

電界型アンテナ

アンテナには、**電界型アンテナ**と**磁界型アンテナ**があります。

超短波 FM ラジオ放送に割り当てられている周波数帯域幅は、76.1〜94.9 MHz で、その波長は約 3〜4 m で 1/4 波長で約 1 m になります。

FM ラジオで放送を受信する場合、内蔵されている金属製の**ロッドアンテナ**を延ばすか、1〜2 m 程度の細いビニール被覆導線をアンテナ端子に接続します。

このように受信電波の波長と受信用のアンテナの長さが同程度であるアンテナを電界型アンテナといい、図 2.6 (a) に示すような向きにアンテナを置き電界（多くの FM ラジオ放送は水平偏波）と同じ偏波面に合わせるとよく聞こえます。

磁界型アンテナ

AM ラジオ放送に割り当てられている周波数帯域幅は 526.5〜1606.5 kHz で、その波長は約 200〜600 m で 1/4 波長でも 100 m 近くなります。中波 AM ラジオで放送を受信する場合、このような長いアンテナを使用することはできないので、フェライトという非金属棒に細い導線をコイル状にぐるぐる巻きにした**バーアンテナ**を使用して電波の磁界を捉えます。

このように受信電波の波長に対し受信用のアンテナの長さが短いアンテナを磁界型アンテナといいます。

中波 AM ラジオ放送の電波は垂直偏波で送信されており、電界が地面に垂直になっている電波を送信しています。

そのため、磁界を捉えるためには、図 2.6 (b) ようにバーアンテナを地面に対して水平に置き磁界と同じ偏波面にするとよく聞こえます。

図2.6　ラジオを受信する場合の望ましいアンテナの方向

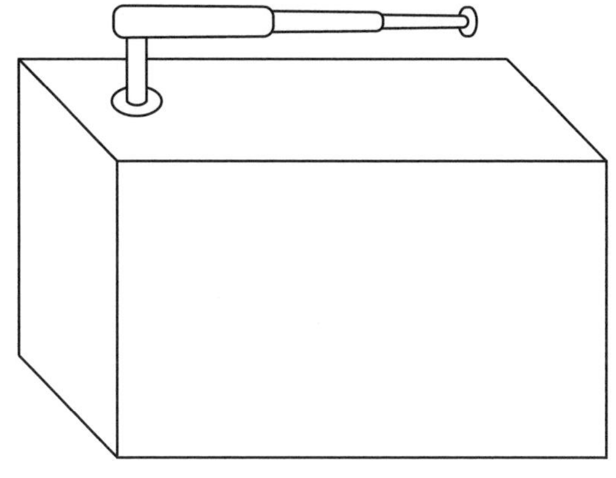

(a)水平偏波のFM受信時

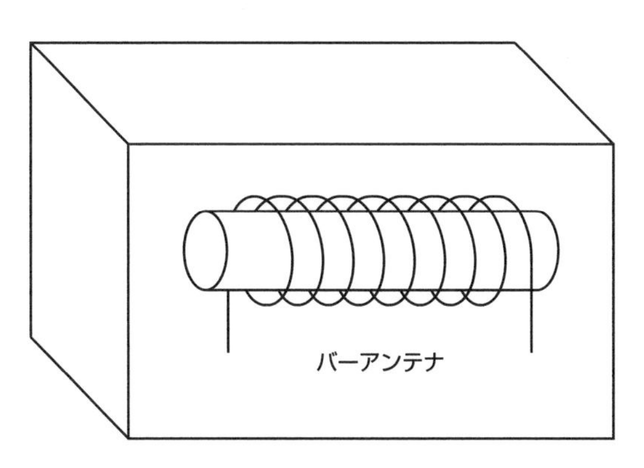

(b)垂直偏波のAM受信時

2-4

アンテナの指向性

「特定の方向にどの程度電波を集中して放射することができるか」を示すのがアンテナの指向性で、全方向性(無指向性)と単一指向性があります。

アンテナの指向性

アンテナがどの程度特定の方向に電波を集中して放射できるかを示すのがアンテナの**指向性**です。一般の放送局やタクシー無線などのアンテナは、図 2.7 (a) に示す全方向性 (**無指向性**) アンテナが適しています。

図2.7(a)　全指向性

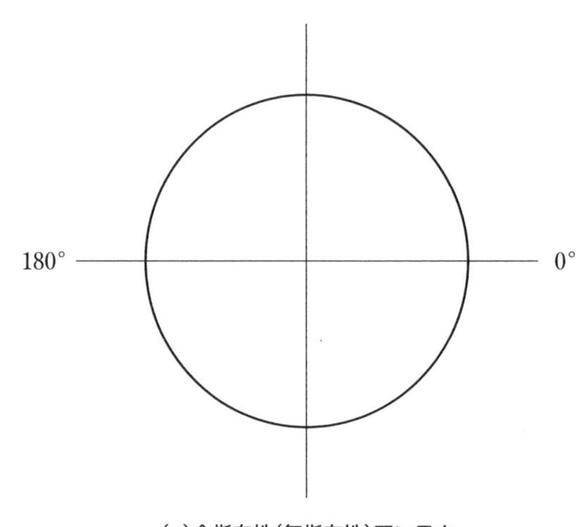

(a)全指向性(無指向性)アンテナ

一方、移動することのない特定の相手との通信は他の無線局に妨害を与えにくい、図 2.7 (b) に示す単一指向性アンテナを使用することが望まれます。

図 2.7 (b) の 0° 方向のいちばん大きな放射パターンを**主ローブ** (lobe：丸味のある突出部)、180° 方向の後側の放射パターンを**バックローブ**、他のローブを**サイドローブ**といいます。

放射パターンに**電界パターン**と**電力パターン**がありますが、形は同じになります。電界が最大値の $1/\sqrt{2}$ (電力の場合は最大値の $1/2$) になる A 点と B 点ではさまれる角 θ を半値幅またはビーム幅といいます。

また、コミュニティFM 放送局や衛星放送用などのアンテナは特定の範囲に向けた限定的な指向性が必要な場合もあります。

図2.7(b)　単一向性

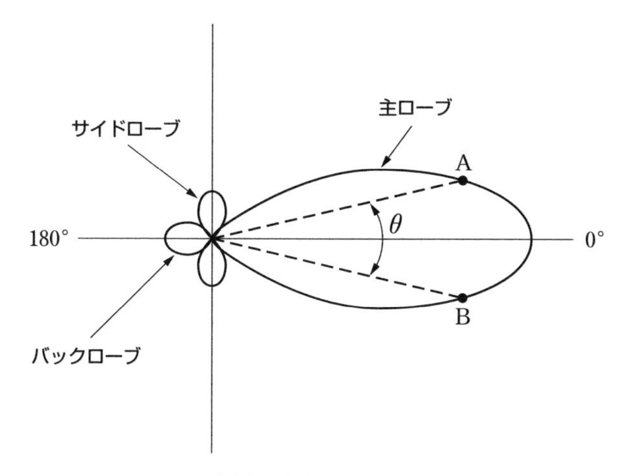

(b)単一指向性アンテナ

2-5 アンテナの利得

基準アンテナに電力P_0〔W〕を供給、被測定アンテナに電力P〔W〕を供給し同一地点で同じ電界強度が生じるとき、P_0/Pをアンテナの利得といいます。

相対利得と絶対利得

アンテナの利得はアンテナの性能を表す指標のひとつで、利得の大きなアンテナを使うと小電力でも電波を遠方に伝えることができます。利得は、基準アンテナと供試アンテナに等しい電力を与えたとき、最大放射方向の同じ距離における電界強度の比で求めるか、または、最大放射方向の同じ距離における電界強度が等しくなる任意アンテナから放射される電力P〔W〕と基準アンテナから放射される電力P_0〔W〕の比P_0/Pから求めます。

半波長ダイポールアンテナを基準アンテナにした利得を**相対利得** *Gr* (relative gain)、等方向性アンテナを基準アンテナにした利得を**絶対利得** *Ga* (absolute gain) といいます。

GaとGrの関係は、$Ga = 1.64Gr$または、$Ga = Gr + 2.15$ [dB] です。

アンテナ利得の詳細は、第10章を参照してください。

電波法施行規則で定めるアンテナ利得

電波法施行規則第2条74で、次のように規定されています。

「空中線の利得とは、与えられた空中線の入力部に供給される電力に対する、与えられた方向において、同一の距離で同一の電界を生ずるために、基準空中線の入力部で必要とする電力の比をいう。この場合において、別段の定めがないときは、空中線の利得を表す数値は、主輻射の方向における利得を示す。」

2-6 アンテナの入力インピーダンスと放射抵抗

アンテナと給電線の接続における電圧と電流の比を入力(給電点)インピーダンスといい、電波の放射に寄与するアンテナの抵抗分を放射抵抗といいます。

入力インピーダンスと放射抵抗

図2.8に示すようにアンテナと給電線の接続部分における電圧 V と電流 I の比をアンテナの**入力インピーダンス**または、**給電点インピーダンス**といいます。

放射抵抗を R_r〔Ω〕、損失抵抗を R_l〔Ω〕、放射リアクタンスを X_r〔Ω〕、アンテナ自身が持つリアクタンスを X_a〔Ω〕とすると、入力インピーダンス Z_i〔Ω〕は、次式になります。

$$Z_i = (R_r + R_l) + j(X_r + X_a) = R + jX \quad 〔\Omega〕 \qquad \cdots (2.1)$$

式(2.1)の R を入力抵抗、X を入力リアクタンスといいます。

入力抵抗は放射抵抗と損失抵抗の和になり、損失抵抗にはアンテナを構成する導体の損失抵抗や接地抵抗による損失などがあります。

入力リアクタンスは、放射リアクタンスとアンテナ自身が持つリアクタンスの和です。通常のアンテナでは、$R_r \gg R_l$、$X_r \gg X_a$ なので、式(2.1)は、次式で表せます。

$$Z_i = R_r + jX_r \quad 〔\Omega〕 \qquad \cdots (2.2)$$

アンテナを電気回路素子と捉え、放射電力 P_r〔W〕が素子 R_r〔Ω〕で消費すると仮定すると、素子に流れる電流が I〔A〕であれば、$R_r = \frac{P_r}{I^2}$ となります。この R_r が**放射抵抗** (radiation resistance) です。

図2.8　アンテナの入力インピーダンス

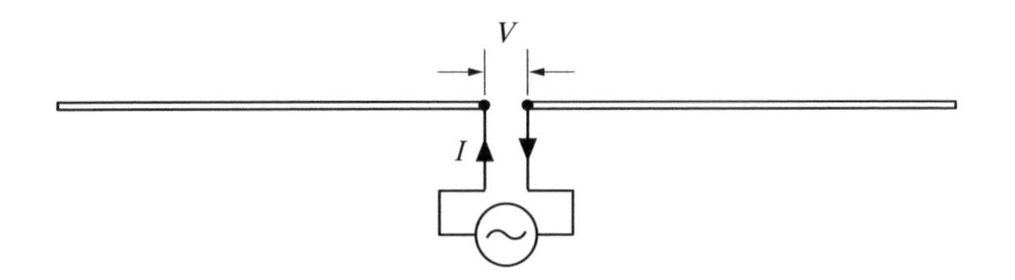

損失抵抗 R_l の原因

損失抵抗 R_l の原因には、「アンテナを構成する金属棒などの導体の抵抗成分による損失」の他に、「接地抵抗による損失」や「アンテナを支える碍子などの誘電体損失」が考えられます。

2-7

アンテナの効率

アンテナに供給される電力とアンテナから電波として放射される電力の比をアンテナの効率といいます。

アンテナの効率とは

アンテナの入力電力を P〔W〕とすると、次式が成立します。

$$P = I^2R_r + I^2R_l \quad \text{〔W〕} \qquad \cdots (2.3)$$

放射電力 P_r〔W〕は $P_r = I^2R_r$ なので、アンテナの効率 η は、

$$\eta = \frac{P_r}{P}\times 100 = \frac{I^2R_r}{I^2R}\times 100 = \frac{R_r}{R}\times 100 = \frac{R_r}{R_r + R_l}\times 100 \quad \text{〔\%〕} \qquad \cdots (2.4)$$

式 (2.4) は次のように書き換えることができます。

$$\eta = \frac{1}{1+\frac{R_l}{R_r}}\times 100 \quad \text{〔\%〕} \qquad \cdots (2.5)$$

VHF 帯や UHF 帯のアンテナでは、$R_r \gg R_l$ なので、式 (2.5) の η は 100 % になり、アンテナ入力電力を放射電力としてよいことになります。

2-8

アンテナの実効長（実効高）

アンテナの電流分布は一定ではありません。電流を電流分布の最大値として長さh_eの等価アンテナを考えると便利です。このh_eを実効値といいます。

アンテナの実効長

図 2.9 (a) に示すように、任意のアンテナに高周波電圧を加えると、アンテナに電流が流れますが、電流の値はアンテナの場所より異なり、電流値の少ない部分は電波の放射にあまり寄与しません。

しかし、アンテナに一定の電流が流れると考えると便利になります。そこで、図 2.9 (a) に示すようにアンテナの中心部に流れる電流をI〔A〕としたときの放射電力とI〔A〕が図 2.9 (b) に示すようにアンテナの各部に同じ大きさで流れるときの放射電力が等しいとすると図 2.9 (a) と図 2.9 (b) は等価になります。図 2.9 (b) のh_eを「実効長」といいます。垂直系のアンテナの場合、**実効長**を「**実効高**」といいます。

半波長ダイポールアンテナや 1/4 波長垂直接地アンテナの実効長（実効高）の求め方は第 4 章および第 6 章に示してあります。

図2.9　アンテナの実効長

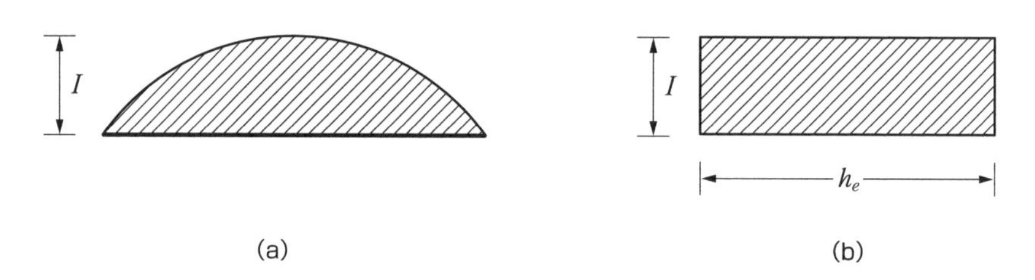

2-9

受信アンテナの実効面積

電波が放射されている空間にアンテナを置いたとき、どれだけの面積に相当する電波のエネルギーがアンテナに吸収されるかを表したのが実効面積です。

アンテナの実効面積

図 2.10 に示すように自由空間の中にあるホーンアンテナのような立体アンテナがあるとし、その開口面積を A〔m²〕とします。空間の平均放射電力密度を W〔W/m²〕とし受信最大有効電力を P〔W〕とすると、次式が成立します。

$$P = WA \quad \cdots (2.6)$$

式 (2.6) より、

$$A = \frac{P}{W} \quad [\mathrm{m^2}] \quad \cdots (2.7)$$

この A を**実効面積**といいます。実効面積は、立体アンテナの効率の計算に取り入れられたものです。なお、半波長ダイポールアンテナの実効面積を求める方法は、第4章に記述してあります。

図2.10　アンテナの実効面積

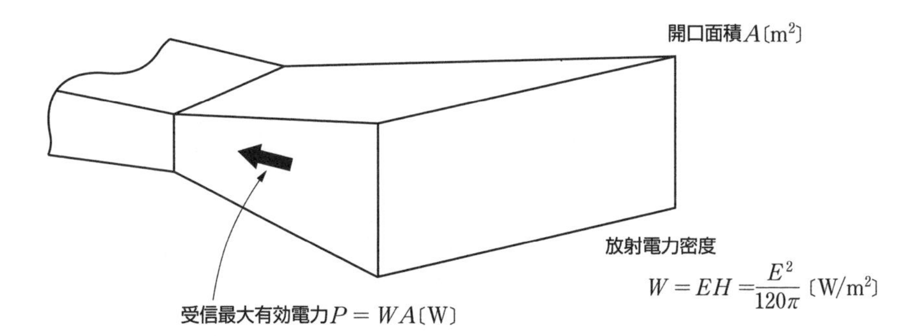

2-10 アンテナと無線機器を接続するケーブル

アンテナと送信機や受信機を接続するケーブルを給電線といい、マイクロ波のように周波数が高くなる場合は導波管と呼ばれる中空の金属管を使う場合もあります。

給電線とコネクタ

アンテナとテレビ受像機、アンテナと通信機器など接続するためのケーブルは、何でもよいというわけではありません。

アンテナの入力インピーダンス（給電点インピーダンス）や、電子通信機器のインピーダンスの値に等しい専用の**同軸ケーブル**などの給電線を使う必要があります（詳細は、第 11 章を参照してください）。

また、同軸ケーブルと送受信機などを接続する場合は、使用する周波数に応じたコネクタを使います。10 GHz 程度まで使用できるコネクタに、**N 型コネクタ**があります。

その他のコネクタとして、一般的によく使われる **M 型コネクタ**、測定器などに多用されている **BNC 型コネクタ**、小型の **SMA コネクタ**など、多くのコネクタがあるので、適切なコネクタを使う必要があります。

▼写真 2.1　コネクタ

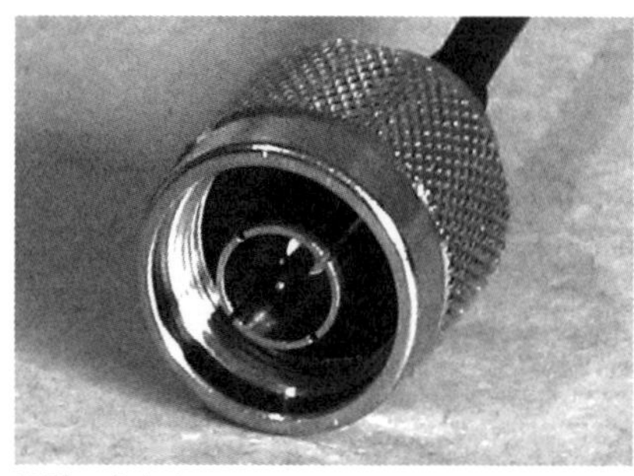

N型コネクタ

BNC型コネクタ

第3章

電波の数式表現とその意味

電波は電磁波の一種です。電気や磁気の現象を扱う学問が電気磁気学です。そして、マクスウェルの方程式は、すべての電磁気現象を説明できるといわれています。そのため、アンテナから電波がどのように出ていくのかを学習するには、マスウェルの方程式の意味を理解するのが適していると思われます。本章では、マクスウェルの4つの方程式を紹介して、その意味するところを説明します。マスウェルの方程式は、「ガウスの法則」「ファラデーの法則」「アンペール・マスウェルの法則」などからなります。

3-1

マクスウェルの方程式

ジェームス・クラーク・マクスウェル（1831～1879年）は、英国スコットランド生まれ、29歳でロンドン大学教授になり、39歳でケンブリッジ大学教授になっています。ファラデーの理論などをもとに電気磁気学の理論を確立しました。なお、マクスウェルの方程式は、「20」もの複雑な方程式でしたが、「現在の4つの方程式にまとめた」のは、電離層の発見で有名な英国のオリバー・ヘビサイドなどです。

マクスウェルの方程式

マクスウェルの4つの方程式を、以下の式（3.1）～（3.4）で示して説明します。

$\boldsymbol{E}$〔V/m〕は電界、$\boldsymbol{H}$〔A/m〕は磁界、ρ〔C/m^3〕は電荷密度、ε_0は真空中の誘電率（電気定数ともいう）で$\varepsilon_0 = 8.85\times10^{-12}$〔F/m〕、$\mu_0$は真空中の透磁率（磁気定数ともいう）で$\mu_0 = 4\pi\times10^{-7}$〔H/m〕、$\boldsymbol{D}$〔C/m^2〕は電束密度で、$\boldsymbol{D} = \varepsilon_0\boldsymbol{E}$、$\boldsymbol{B}$〔Wb/m^2 = T〕は磁束密度で、$\boldsymbol{B} = \mu_0\boldsymbol{H}$、$\boldsymbol{J}$〔A/m^2〕は伝導電流密度、$t$〔s〕は時間とします。

第1式　$\nabla\cdot\boldsymbol{D} = \rho$　…（3.1）

式（3.1）は、$\nabla\cdot\boldsymbol{E} = \dfrac{\rho}{\varepsilon_0}$に$\boldsymbol{D} = \varepsilon_0\boldsymbol{E}$の関係を用いて、$\nabla\cdot\boldsymbol{D} = \rho$とすることにより媒質に関係のない表現とした式です。また、式（3.1）は、$\mathrm{div}\boldsymbol{D} = \rho$（または、$\mathrm{div}\boldsymbol{E} = \dfrac{\rho}{\varepsilon_0}$）と表現できます。divは発散（divergence）を意味します。

電気力線はファラデーが考案したもので、電界の様子を可視化しようとしたものです。

電気力線の様子の例を図3.1に示します。(a) はプラス※の電荷による例、(b) はマイナスの電荷による例、(c) はプラスの電荷とマイナスの電荷による例、(d) はプラスの電荷とプラスの電荷による例を示しています。

※電気には、プラスとマイナスがあり、同種の電気は反発し、異種の電気は引き合います。電気を持った物体を電荷と呼び単位はクーロン〔C〕で表します。

図3.1 電気力線の様子

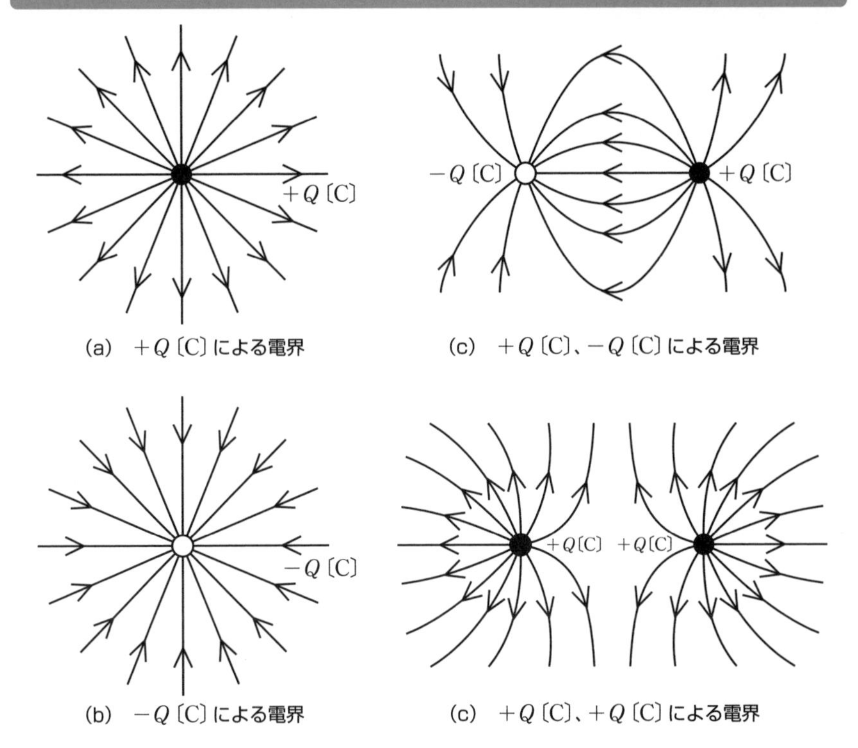

(a) $+Q$〔C〕による電界　(c) $+Q$〔C〕、$-Q$〔C〕による電界

(b) $-Q$〔C〕による電界　(c) $+Q$〔C〕、$+Q$〔C〕による電界

電気力線は、「電界の強さを表す仮想の線」で、次のような性質があります。

(1) 電気力線は正電荷から出て負電荷に入る
(2) 電気力線の本数は電荷量に比例する
(3) 電気力線は交わらないし分岐もしない
(4) 電気力線の本数は電界の大きさに比例する
(5) 電気力線上における各点の接線は電界の方向になる

式 (3.1) は「**ガウスの法則**」といい、「電荷から周囲に電界が湧き出す」ことを示しており、ρ がプラスであれば電界が湧き出し、マイナスであれば電界の吸い込みを表しています。

電束密度 $\boldsymbol{D}$〔C/m²〕は単位が示すように 1 m² あたりの電気力線数で、$\boldsymbol{D} = \varepsilon_0 \boldsymbol{E}$ の関係があります。

第2式 $\nabla \times \boldsymbol{E} = -\dfrac{\partial \boldsymbol{B}}{\partial t}$ … (3.2)

式 (3.2) は、$\boldsymbol{B} = \mu_0 \boldsymbol{H}$ の関係を用いると、$\nabla \times \boldsymbol{E} = -\mu_0 \dfrac{\partial \boldsymbol{H}}{\partial t}$ となります。また $\mathrm{rot}\boldsymbol{E} = -\dfrac{\partial \boldsymbol{B}}{\partial t}$、(または、$\mathrm{rot}\boldsymbol{E} = -\mu_0 \dfrac{\partial \boldsymbol{H}}{\partial t}$) とも表現できます。rot は回転 (rotation) を意味します。

式 (3.2) は、「**ファラデーの電磁誘導の法則**」で、「磁束密度 B (磁界 H)※が時間変化すると、まわりに電界を生じる」ことを示しています。マイナス符号は磁束の増減と反対に電界が回転することを示しており、時計回りの方向をプラス、反時計回りの方向をマイナスとすると、磁界が増加すると電界が左回転、磁界が減少すると電界が右回転することを示しています。電界が回転すると電荷が動き電流が流れます。

第3式 $\nabla \cdot \boldsymbol{B} = 0$ … (3.3)

式 (3.3) は、$\mathrm{div}\boldsymbol{B} = 0$ とも表現でき、「磁界の発散はゼロである」ことを示しています。磁石は常に N 極と S 極が対になっており単極の磁石は存在しないことを示しています。図 3.2 のように N 極から出た磁力線は必ず S 極に戻ってきます。すなわち、N 極から出た磁力線と S 極に戻ってくる磁力線の数が等しいことになります。

図3.2 磁力線の行方

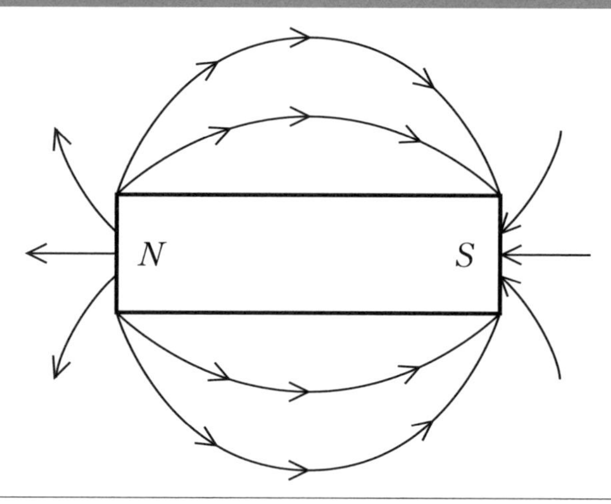

※電流が流れるときに生じる磁界 H は媒質には関係しません。磁界 H が変化したときに生じる電圧 (誘起電圧) は媒質に関係します。磁束密度 B と磁界 H を媒質により定まる定数 μ を導入して $B = \mu H$ として磁束密度 B を使うと、媒質に関係しない表現になります。

第４式　$\nabla \times \boldsymbol{H} = \boldsymbol{J} + \dfrac{\partial \boldsymbol{D}}{\partial t}$　… (3.4)

式 (3.4) は、$\boldsymbol{D} = \varepsilon_0 \boldsymbol{E}$ を用いると、$\nabla \times \boldsymbol{H} = \boldsymbol{J} + \varepsilon_0 \dfrac{\partial \boldsymbol{E}}{\partial t}$ となります。

また、式 (3.4) は、$\mathrm{rot}\boldsymbol{H} = \boldsymbol{J} + \dfrac{\partial \boldsymbol{D}}{\partial t}$ ($\mathrm{rot}\boldsymbol{H} = \boldsymbol{J} + \varepsilon_0 \dfrac{\partial \boldsymbol{E}}{\partial t}$) と表現することができます。

電流は伝導電流 $\boldsymbol{J}$ と変位電流 $\dfrac{\partial \boldsymbol{D}}{\partial t}$ の和になります。電流により発生する磁界は図3.3 に示すように伝導電流により発生する磁界と変位電流により発生する磁界があります。

図3.3　電流による磁界の発生

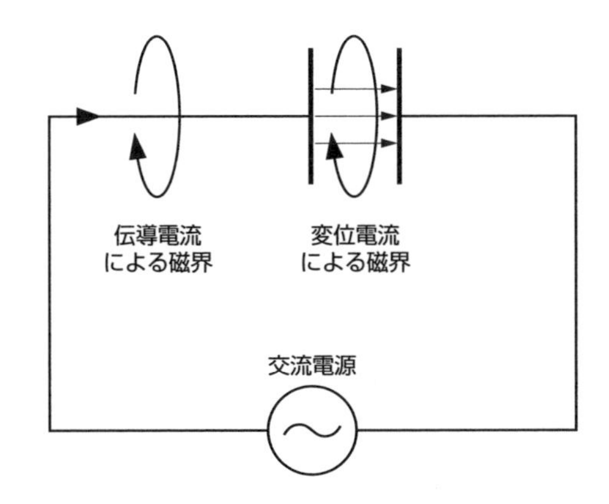

式 (3.4) は「**アンペール・マクスウェルの法則**」で、「電流があるとまわりに磁界を生じる (アンペールの法則)」と「電界の強さ E が変化すると変位電流 ($\partial D/\partial t$) が流れて磁界を生じる (マクスウェルの法則)」を示しています。アンペールは導線に電流を流したとき導線のまわりに磁界が生じることを見つけましたが変位電流には気付きませんでした。変位電流はマクスウェルが導入したので、「アンペール・マクスウェルの法則」といわれています。

スカラとベクトル

大きさだけで表される量を**スカラ**、大きさと方向で表される量を**ベクトル**といいます。

内積と外積

ベクトルは、$\vec{A}$や $\boldsymbol{A}$ と表しますが本書では $\boldsymbol{A}$ と表すことにします。

ベクトル $\boldsymbol{A}$ の x 成分を A_x、y 成分を A_y、z 成分を A_z とすると、$\boldsymbol{A} = (A_x, A_y, A_z)$ となります。

x 方向の単位ベクトルを $\boldsymbol{i}$、y 方向の単位ベクトルを $\boldsymbol{j}$、z 方向の単位ベクトルを $\boldsymbol{k}$ とすると、ベクトル $\boldsymbol{A}$ は次のように表すことができますます。

$$\boldsymbol{A} = A_x\boldsymbol{i}+A_y\boldsymbol{j}+A_z\boldsymbol{k} \quad \cdots①$$

同様に、ベクトル $\boldsymbol{B}$ は次のように表せます。

$$\boldsymbol{B} = B_x\boldsymbol{i}+B_y\boldsymbol{j}+B_z\boldsymbol{k} \quad \cdots②$$

●内積

ベクトル $\boldsymbol{A}$ と $\boldsymbol{B}$ の内積は次のように定義されています。

$$\boldsymbol{A} \cdot \boldsymbol{B} = |\boldsymbol{A}||\boldsymbol{B}|\cos\theta \quad \cdots③$$

式①と式②よりベクトル $\boldsymbol{A}$ と $\boldsymbol{B}$ の内積を求めると、
$\boldsymbol{i} \cdot \boldsymbol{i} = \boldsymbol{j} \cdot \boldsymbol{j} = \boldsymbol{k} \cdot \boldsymbol{k} = 1$、$\boldsymbol{i} \cdot \boldsymbol{j} = \boldsymbol{j} \cdot \boldsymbol{k} = \boldsymbol{k} \cdot \boldsymbol{i} = 0$ なので、

$$\boldsymbol{A} \cdot \boldsymbol{B} = (A_x\boldsymbol{i} + A_y\boldsymbol{j} + A_z\boldsymbol{k})(B_x\boldsymbol{i} + B_y\boldsymbol{j} + B_z\boldsymbol{k}) = A_xB_x + A_yB_y + A_zB_z \quad \cdots④$$

式④から、$\boldsymbol{A}$ と $\boldsymbol{B}$ の内積の計算結果はスカラになることが分かります。内積はベクトル $\boldsymbol{A}$ と $\boldsymbol{B}$ がどの程度平行であるかを示しているといえます。

図3.4　内積

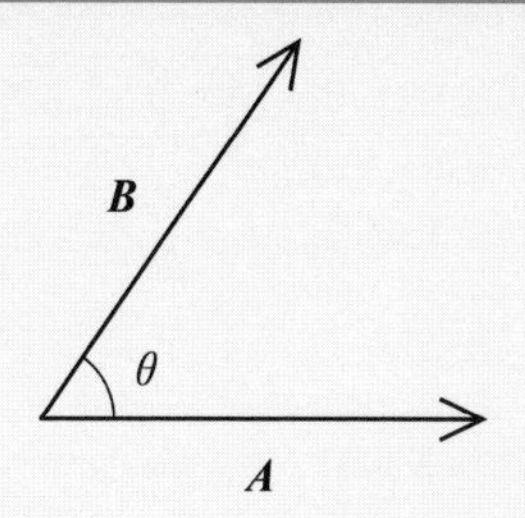

●外積

ベクトル $\boldsymbol{A}$ と $\boldsymbol{B}$ の外積の成分は、

$$\boldsymbol{A}\times\boldsymbol{B}=\begin{vmatrix}\boldsymbol{i} & \boldsymbol{j} & \boldsymbol{k}\\ A_x & A_y & A_z\\ B_x & B_y & B_z\end{vmatrix}=(A_yB_z-A_zB_y)\boldsymbol{i}+(A_zB_x-A_xB_z)\boldsymbol{j}+(A_xB_y-A_yB_x)\boldsymbol{k} \quad \cdots⑤$$

外積の大きさ $|\boldsymbol{A}\times\boldsymbol{B}|$ は次のように定義されています。

$$|\boldsymbol{A}\times\boldsymbol{B}|=|\boldsymbol{A}||\boldsymbol{B}|\sin\theta \quad \cdots⑥$$

外積の大きさはベクトル $\boldsymbol{A}$ と $\boldsymbol{B}$ がはさむ平行四辺形の面積となり、方向は $\boldsymbol{A}$ から $\boldsymbol{B}$ に回転したとき右ネジの進む方向になります。

($\boldsymbol{i}\times\boldsymbol{i}=\boldsymbol{j}\times\boldsymbol{j}=\boldsymbol{k}\times\boldsymbol{k}=0$、$\boldsymbol{i}\times\boldsymbol{j}=\boldsymbol{k}$、$\boldsymbol{j}\times\boldsymbol{k}=\boldsymbol{i}$、$\boldsymbol{k}\times\boldsymbol{i}=\boldsymbol{j}$、$\boldsymbol{j}\times\boldsymbol{i}=-\boldsymbol{k}$)

図3.5　外積

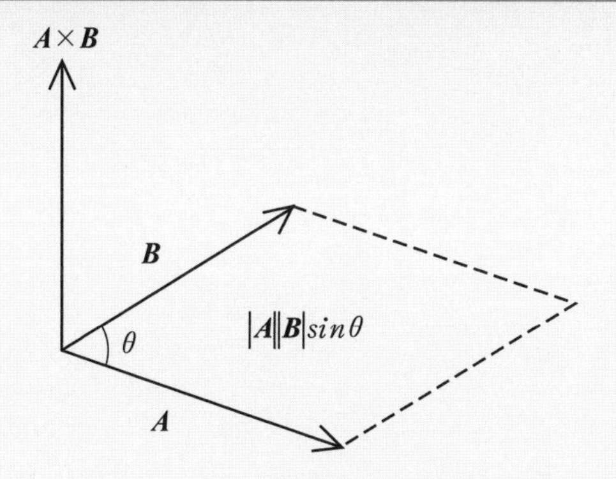

発散（∇・*E*）

∇（ナブラ）は微分ベクトルを表し、$\nabla = (\frac{\partial}{\partial x}, \frac{\partial}{\partial y}, \frac{\partial}{\partial z})$です。∂はラウンドディーと読み偏微分の記号です。$\frac{\partial}{\partial x}$はx方向の変化率、$\frac{\partial}{\partial y}$はy方向の変化率、$\frac{\partial}{\partial z}$は$z$方向の変化率を表しています。

∇・***E***を計算すると次式になります。

$$\nabla \cdot \boldsymbol{E} = \frac{\partial Ex}{\partial x} + \frac{\partial Ey}{\partial y} + \frac{\partial Ez}{\partial z} \quad \cdots ⑦$$

∇・***E***は発散（divergence）を表し、∇・***E***をdiv***E***と記述することもあります。

注）∇はベクトル、***E***もベクトルですが、∇・***E***はスカラになります。

回転（∇×*E*）

∇×***E***を計算すると次式になります。

$$\nabla \times \boldsymbol{E} = (\frac{\partial}{\partial x}, \frac{\partial}{\partial y}, \frac{\partial}{\partial z}) \times (E_x, E_y, E_z) = (\frac{\partial E_z}{\partial y} - \frac{\partial E_y}{\partial z}, \frac{\partial E_x}{\partial z} - \frac{\partial E_z}{\partial x}, \frac{\partial E_y}{\partial x} - \frac{\partial E_x}{\partial y})$$

∇×***E***は回転（rotation）を表し、∇×***E***をrot***E***と記述することもあります。

注）∇はベクトル、***E***はベクトルで∇×***E***もベクトルになります。

3-2
マクスウェルの方程式から分かる電磁波の伝わり方

マクスウェルの式(3.2)と式(3.4)から電波は進行方向に直交して電界Eと磁界Hがあることが分かります。

電波の伝わり方

マクスウェルの式(3.2)の$\nabla\times\boldsymbol{E}=-\dfrac{\partial\boldsymbol{B}}{\partial t}=-\mu_0\dfrac{\partial\boldsymbol{H}}{\partial t}$は「磁界$H$が時間変化すると、まわりに電界$E$が生じる」、式(3.4)の$\nabla\times\boldsymbol{H}=\boldsymbol{J}+\dfrac{\partial\boldsymbol{D}}{\partial t}=\boldsymbol{J}+\varepsilon_0\dfrac{\partial\boldsymbol{E}}{\partial t}$は「電界$\boldsymbol{E}$が時間変化すると、まわりに磁界$\boldsymbol{H}$を生じる」ことを示しています。

式(3.2)、式(3.4)、図3.6を使い電波がどのように伝わっていくのかを考えましょう。

図3.6　平面電流による磁界と電界の発生

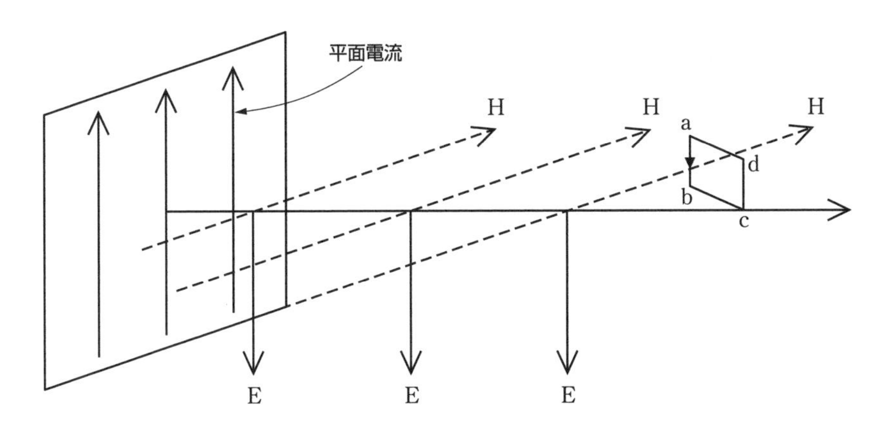

平面に電流 $\boldsymbol{J}$〔A/m^2〕が流れると、平面に平行に磁界 $\boldsymbol{H}$ が発生します。磁界 $\boldsymbol{H}$ は瞬時に発生するのではは徐々に広がってゆきます。ループ abcd に注目します。ループに発生する電界は右回りをプラスとします。

磁界 $\boldsymbol{H}$ は徐々に増えてゆくため、式 (3.2) のマイナスから分かるように電界 $\boldsymbol{E}$ の方向は左回りとなり、図 3.6 に示すように下側を向きます。このように、磁界 $\boldsymbol{H}$ の変化が電界 $\boldsymbol{E}$ を生み、電界 $\boldsymbol{E}$ の変化が磁界 $\boldsymbol{H}$ を生み伝わっていきます。

電界 $\boldsymbol{E}$ と磁界 $\boldsymbol{H}$ は進行方向に対して直交していることを示しており、電波は横波であることが分かります。

第4章

ヘルツダイポールアンテナと半波長ダイポールアンテナ

ヘルツダイポールアンテナは、最も基本的なアンテナで、いろいろなアンテナを考えるときの基礎になります。一方、半波長ダイポールアンテナは、実用的なアンテナを考えるときの基礎になるアンテナでテレビアンテナなどでも使用されています。この章では、ヘルツダイポールアンテナと半波長ダイポールアンテナを対比して考えることで、両アンテナから放射される電波の電界強度や放射抵抗、指向特性、実効面積などの違いについて解説します。

4-1

ヘルツダイポールアンテナ

波長に比べて長さが極めて短いアンテナをヘルツダイポールアンテナといいます。その電流分布は一定になります。

ヘルツダイポールアンテナによる電界強度

ヘルツダイポールアンテナは、図 4.1 に示すように「波長に比べて長さが極めて短く」、アンテナの両端に容量が集中したアンテナです。加える高周波電源の波長 λ〔m〕とヘルツダイポールアンテナの長さ l〔m〕には、$\lambda \gg l$ の関係があります。高周波電源から 2 つの導体球に流れる電流を I〔A〕とします。なお、「ヘルツダイポールアンテナの電流分布は一定」です。

図4.1　ヘルツダイポールアンテナ

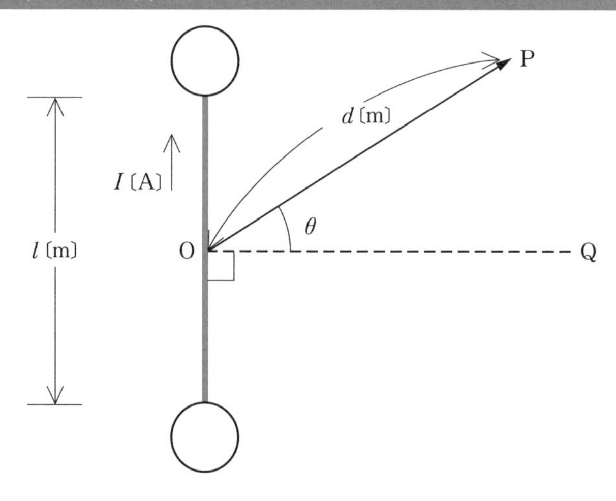

ヘルツダイポールアンテナから距離 d〔m〕における P 点の電界強度 E〔V/m〕は次式で表すことができます（ただし、空間は自由空間※とします）。

$$E = \frac{60\pi Il}{\lambda d}\cos\theta \text{〔V/m〕} \quad \cdots (4.1)$$

※自由空間とは真空中のように、誘電分極や磁化を生じない空間のこと。

ヘルツダイポールアンテナの指向特性

アンテナから放射される電波は方向により強度が異なります。これをアンテナの指向特性といいます。ヘルツダイポールアンテナを水平に置いたときの水平面内の指向特性は図 4.2 のような直径が $\frac{60\pi Il}{\lambda d}$〔m〕の円形になります。

図4.2　ヘルツダイポールアンテナの水平面内の指向特性

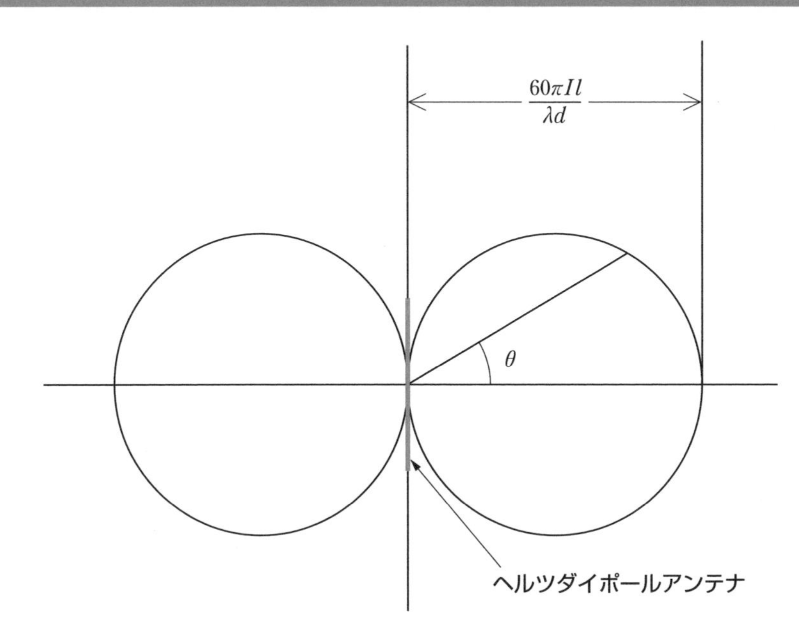

ヘルツダイポールアンテナの放射抵抗

電波の伝搬方向に直角な単位面積あたりの電力 W〔W/m^2〕は、電界を E〔V/m〕、磁界を H〔A/m〕とすると次のように計算できます。

$$W = EH = \frac{E^2}{120\pi} \quad 〔\mathrm{W/m^2}〕 \qquad \cdots (4.2)$$

注）$\dfrac{E}{H}=\sqrt{\dfrac{\mu_0}{\varepsilon_0}}=\sqrt{\dfrac{4\pi\times10^{-7}}{1/(36\pi\times10^{9})}}=\sqrt{4\pi\times36\pi\times10^{2}}=2\times6\pi\times10=120\pi$ より、

$H=\dfrac{E}{120\pi}$ なので、$EH=\dfrac{E^2}{120\pi}$ となります。

注）電界 E の単位は〔V/m〕、磁界 H の単位は〔A/m〕なので、

$W=EH$ の単位は、$\left[\dfrac{\mathrm{V}}{\mathrm{m}}\right]\times\left[\dfrac{\mathrm{A}}{\mathrm{m}}\right]=\left[\dfrac{\mathrm{W}}{\mathrm{m}^2}\right]$ となります。

式（4.1）を式（4.2）に代入します。ただし、計算を簡単にするため、電界が最大になる $\theta=0$ の方向、すなわち $\cos\theta=1$ として計算すると次式になります。

$$W=\frac{E^2}{120\pi}=\frac{1}{120\pi}\times\left(\frac{60\pi Il}{\lambda d}\right)^2=30\pi\left(\frac{Il}{\lambda d}\right)^2\ \left[\mathrm{W/m^2}\right] \quad \cdots (4.3)$$

式（4.3）からヘルツダイポールアンテナから放射される全電力 P〔W〕を計算すると次のようになります（計算過程は複雑なため省略）。

$$P=80\pi^2\times\left(\frac{Il}{\lambda}\right)^2\ [\mathrm{W}] \quad \cdots (4.4)$$

アンテナの放射抵抗を R_r〔Ω〕とすると、$P=I^2R_r$ より、

$$R_r=\frac{P}{I^2}=80\pi^2\left(\frac{l}{\lambda}\right)^2\ [\Omega] \quad \cdots (4.5)$$

ヘルツダイポールアンテナの自由空間における電界強度

式（4.4）を変形すると、

$$\frac{Il}{\lambda}=\sqrt{\frac{P}{80\pi^2}} \quad \cdots (4.6)$$

式（4.6）を式（4.1）に代入（$\cos\theta=1$ として計算する）すると、

$$E=\frac{60\pi Il}{\lambda d}=\frac{60\pi}{d}\times\frac{Il}{\lambda}=\frac{60\pi}{d}\sqrt{\frac{P}{80\pi^2}}=\frac{1}{d}\sqrt{\frac{3600P}{80}}=\frac{\sqrt{45P}}{d}\ [\mathrm{V/m}] \quad \cdots (4.7)$$

ヘルツダイポールアンテナの実効面積

アンテナで電波を受信するとき、どの程度の面積が電波のエネルギーを吸収することができるかを実効面積といいます。

ヘルツダイポールアンテナに入射する電磁波のエネルギーは、式(4.2)の $W=\dfrac{E^2}{120\pi}$ となり、式(4.5)より放射抵抗 R_r は、$R_r=80\pi^2\left(\dfrac{l}{\lambda}\right)^2$〔Ω〕となります。ヘルツダイポールアンテナに負荷 R_L〔Ω〕を接続したときにアンテナに誘起される電圧を V〔V〕とすると、$R_L=R_r$ のとき負荷に最大電力を供給（第11章11.3のCOLUMNを参照）することができます。そのときの電力を P_L〔W〕とすると、$V=El$ なので、

$$P_L=\frac{V^2}{4R_r}=\frac{(El)^2}{4R_r}\quad〔\mathrm{W}〕\qquad\cdots(4.8)$$

式(4.8)に $R_r=80\pi^2\left(\dfrac{l}{\lambda}\right)^2$ を代入すると、

$$P_L=\frac{(El)^2}{4R_r}=\frac{(El)^2}{4}\times\frac{1}{80\pi^2}\left(\frac{\lambda}{l}\right)^2=\frac{(E\lambda)^2}{320\pi^2}\quad〔\mathrm{W}〕\qquad\cdots(4.9)$$

よって、ヘルツダイポールアンテナの実効面積 A_e〔m²〕は式(4.2)と第2章の式(2.7)より、

$$A_e=\frac{P_L}{W}=\frac{(E\lambda)^2}{320\pi^2}\times\frac{120\pi}{E^2}=\frac{3\lambda^2}{8\pi}\fallingdotseq 0.12\lambda^2\quad〔\mathrm{m}^2〕\qquad\cdots(4.10)$$

4-2

半波長ダイポールアンテナ

波長の半分の長さのアンテナを半波長ダイポールアンテナといい相対利得を求める基準アンテナになります。電流分布は中央部で最大、先端部でゼロになります。

半波長ダイポールアンテナの形状

半波長ダイポールアンテナは図 4.3 に示す形状のアンテナをいいます。アンテナの長さは使用する電波の波長 λ〔m〕の $1/2$ です。

図4.3　半波長ダイポールアンテナ

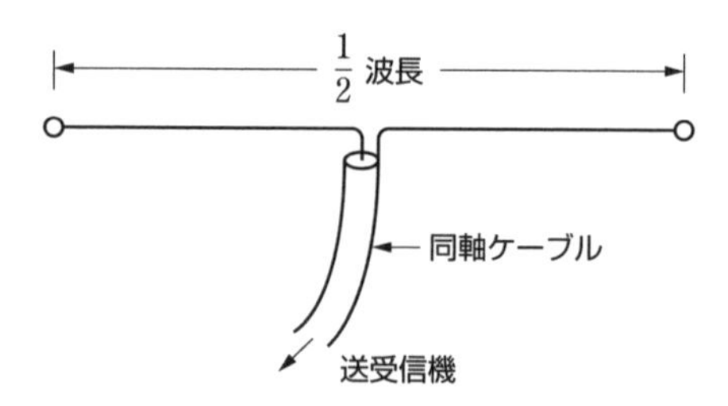

半波長ダイポールアンテナによる電界強度

半波長ダイポールアンテナから充分遠方の d〔m〕離れた場所 P 点における電界強度 E〔V/m〕は次式で表すことができます。θ は図 4.1 のように直交する破線 OQ を引き直線 OQ と OP とのなす角度です。

$$E = \frac{60I}{d} \times \frac{\cos\left(\frac{\pi}{2}\sin\theta\right)}{\cos\theta} \quad \text{〔V/m〕} \qquad \cdots (4.11)$$

半波長ダイポールアンテナの指向特性

半波長ダイポールアンテナを水平に置いた場合の水平面内の指向特性は、図 4.4 に示すように、ほぼ 8 字特性になりますが、ヘルツダイポールアンテナと比較すると少し楕円形になります。

図4.4 半波長ダイポールアンテナの指向特性

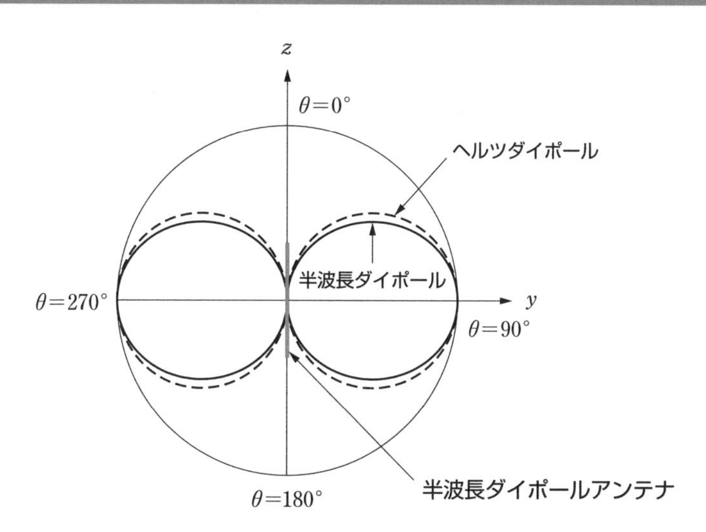

半波長ダイポールアンテナの自由空間における電界強度

式 (4.11) は複雑なので簡単にするため、式 (4.11) の θ をゼロ (電界強度が最大になる)、すなわち、$\dfrac{\cos\left(\dfrac{\pi}{2}\sin\theta\right)}{\cos\theta}=1$ の場合を考えると、式 (4.11) は次のようになります。

$$E=\frac{60I}{d}\quad〔\mathrm{V/m}〕 \qquad \cdots (4.12)$$

半波長ダイポールアンテナの放射抵抗 R_r は 73.13 Ω (計算は複雑なので省略) になります。

$P = I^2 R_r$ より、$I = \sqrt{\dfrac{P}{R_r}}$ となります。これを式（4.12）に代入すると、

$$E = \frac{60I}{d} = \frac{60}{d}\sqrt{\frac{P}{R_r}} = \frac{60}{d}\sqrt{\frac{P}{73.13}} = \frac{1}{d}\sqrt{\frac{3600P}{73.13}} \fallingdotseq \frac{\sqrt{49.2P}}{d} \quad \text{〔V/m〕}$$

…（4.13）

式（4.7）のヘルツダイポールアンテナの自由空間における最大放射方向の電界強度と式（4.13）の半波長ダイポールアンテナの自由空間における最大放射方向の電界強度を比べると等しい電力を加えた場合の受信点におけるヘルツダイポールアンテナを基準にした半波長ダイポールアンテナの利得 G は次のようになります。

$$G = \left(\frac{\text{半波長ダイポールアンテナの電界強度}}{\text{ヘルツダイポールアンテナの電界強度}}\right)^2 = \frac{49.2}{45} \fallingdotseq 1.09$$

半波長ダイポールアンテナの実効長

半波長ダイポールアンテナに高周波電流を流すと、電流分布は図4.5（a）のようになります。電流はアンテナの中央部で最大振幅 I〔A〕、先端部分でゼロになります。

実効長 h_e〔m〕は図4.5（b）に示すよう電流の大きさが I〔A〕一定であるとしたときのアンテナの長さのことで、次式で表すことができます。

$$h_e = \frac{\lambda}{\pi} \qquad \cdots (4.14)$$

図4.5　半波長ダイポールアンテナの電流分布と実効長

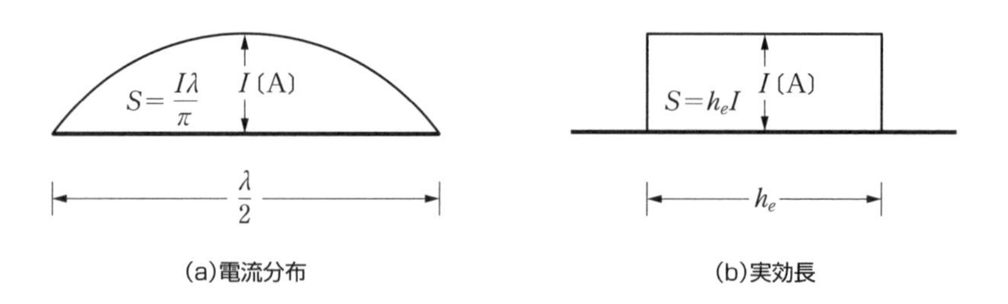

実効長の求め方

図4.6の半波長ダイポールアンテナの0点から右側に距離xの点の電流iは、$i = I\sin(\frac{2\pi x}{\lambda})$となります。

図4.6 半波長ダイポールアンテナの実効長の計算

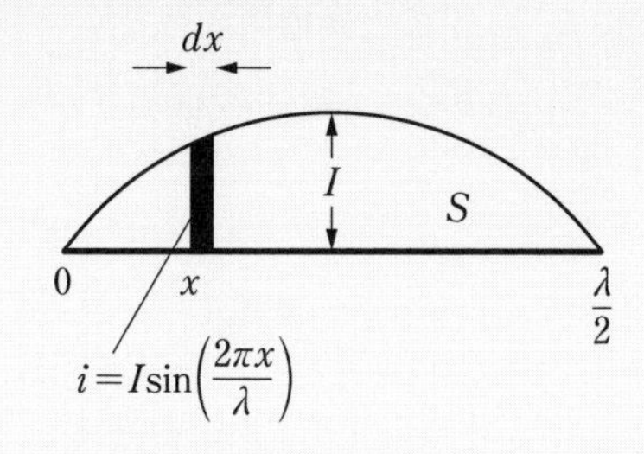

距離 x〔m〕における角度を θ〔rad〕とすると、$\lambda/2$〔m〕: π〔rad〕 = x〔m〕: θ〔rad〕が成り立ちます。

したがって、$\theta = \frac{\pi x}{\lambda/2} = \frac{2\pi x}{\lambda}$ となります。

よって、任意の点 x における電流は、$i = I\sin(\frac{2\pi x}{\lambda})$ となります。

弓形部分の面積 S は次のように計算します。

$$S = \int_0^{\frac{\lambda}{2}} idx = \int_0^{\frac{\lambda}{2}} I\sin(\frac{2\pi x}{\lambda})dx = I\left[-\frac{\lambda}{2\pi}\cos(\frac{2\pi x}{\lambda})\right]_0^{\frac{\lambda}{2}} = I\{(-\frac{\lambda}{2\pi}\cos\pi) - (-\frac{\lambda}{2\pi}\cos 0) = \frac{I\lambda}{\pi}$$

斜線部分の面積 S が $h_e I$ に等しいので、$h_e I = \frac{I\lambda}{\pi}$ になります。

よって、実効長 h_e は、$h_e = \frac{\lambda}{\pi}$〔m〕となります。

補足：$\lambda/4$ 垂直アンテナの実効高（垂直アンテナの実効長は実効高という）は、ダイポールアンテナの半分になるので、$h_e = \frac{\lambda}{2\pi}$〔m〕となります。

半波長ダイポールアンテナの実効面積

半波長ダイポールアンテナに入射する入射する電磁波のエネルギーは、式(4.2)の $W = \dfrac{E^2}{120\pi}$ となり、放射抵抗 R_r は $R_r \fallingdotseq 73\ \Omega$ です。

半波長ダイポールアンテナに負荷 R_L〔Ω〕を接続したときにアンテナに誘起される電圧を V〔V〕とすると、$R_L = R_r$ のとき負荷に最大電力を供給することができます。そのときの電力を P_L〔W〕とすると、$V = El$ なので、

$$P_L = \frac{V^2}{4R_r} = \frac{(El)^2}{4R_r} \quad \text{〔W〕} \qquad \cdots (4.15)$$

式(4.15)に $R_r = 73\ \Omega$、$l = \lambda/\pi$〔m〕(半波長ダイポールアンテナの実効長)を代入すると、

$$P_L = \frac{(El)^2}{4R_r} = \frac{(E\times\lambda/\pi)^2}{4R_r} = \frac{(E\lambda)^2}{4\times 73\times\pi^2} = \frac{(E\lambda)^2}{292\pi^2} \quad \text{〔W〕} \qquad \cdots (4.16)$$

よって、半波長ダイポールアンテナの実効面積 A_e は式(4.2)と第2章の式(2.7)より、

$$A_e = \frac{P_L}{W} = \frac{(E\lambda)^2}{292\pi^2}\times\frac{120\pi}{E^2} = \frac{120\lambda^2}{292\pi} \fallingdotseq 0.13\lambda^2 \quad \text{〔m}^2\text{〕} \qquad \cdots (4.17)$$

これより、半波長ダイポールアンテナの実効面積 $0.13\lambda^2$〔m²〕は、ヘルツダイポールアンテナの実効面積 $0.12\lambda^2$〔m²〕より8%($0.13\lambda^2 \div 0.12\lambda^2 \fallingdotseq 1.08$)程度大きくなることが分かります。

半波長ダイポールアンテナの放射抵抗

アンテナの入力インピーダンス(給電点インピーダンス)Z_i〔Ω〕は第2章の式(2.2)で示したように、$Z_i = R_r + jX_r$〔Ω〕となります。図4.7の半波長ダイポールアンテナの入力インピーダンスは次のようになります。

図4.7　半波長ダイポールアンテナの入力インピーダンス

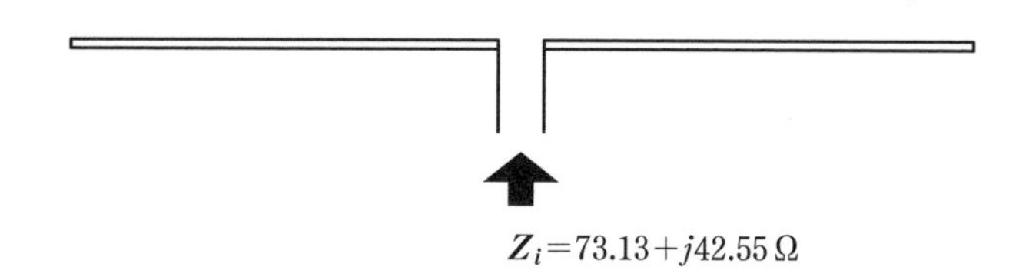

$$Z_i = 73.13 + j42.55 \quad \Omega \qquad \cdots (4.18)$$

式（4.18）で分かるように、半波長ダイポールアンテナの長さが正確に半波長のときは、アンテナは誘導性になります。半波長ダイポールアンテナを共振させるには、式（4.18）の虚数部のリアクタンスの 42.55 Ω を図 4.8 に示すようにゼロにする必要があります。そのため、半波長ダイポールアンテナの先端部分の一部を切断して容量性にします。そうすることにより、次のようにアンテナのリアクタンス部分がゼロになり純抵抗にすることができます。

$$Z_i = R_r + jX_r = 73.13 + j42.55 - jZ_0\pi\Delta \ [\Omega] \qquad \cdots (4.19)$$

注）短縮率 $\Delta = \dfrac{42.55}{Z_0\pi}$ 、$Z_0 = 138\log_{10}\dfrac{2l}{\rho}$ 〔Ω〕：Z_0 はアンテナの波動インピーダンス、$2l$〔m〕はアンテナの全長、ρ〔m〕は導線の半径を表します。

通常、短縮率は、3～5〔%〕程度です。

図4.8　長さを短縮した半波長ダイポールアンテナ

$Z_i = 73.13 + j42.55 - j42.55$
$= 73.13$〔Ω〕

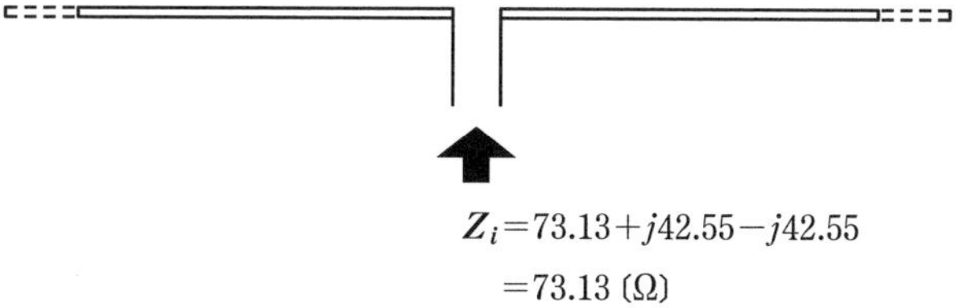

NOTE

第5章

微小ループアンテナと1波長ループアンテナ

微小ループアンテナは電波の波長に比べてサイズが小さい磁界型のアンテナ、1波長ループアンテナは、1波長分の大きさの電界型アンテナです。微小ループアンテナと1波長ループアンテナの形状は似ていますが、電波を強く受信できる方向は微小ループアンテナが電波の到来方向とループ面が平行のとき、1波長ループアンテナは電波の到来方向とループ面が垂直になる場合で90°異なります。

5-1

微小ループアンテナ

波長と比べて大きさの小さなループアンテナが微小ループアンテナです。電波がループ面と平行に到来したとき電波を一番強く受信します。

微小ループアンテナとは

図 5.1 または写真 5.1 に示すアンテナを**微小ループアンテナ**、または、単に**ループアンテナ**といいます。微小ループアンテナは使用する電波の波長に比べて大きさが非常に小さなアンテナをいいます。微小ループアンテナの電流分布は一定になります。

図5.1　円形ループアンテナ

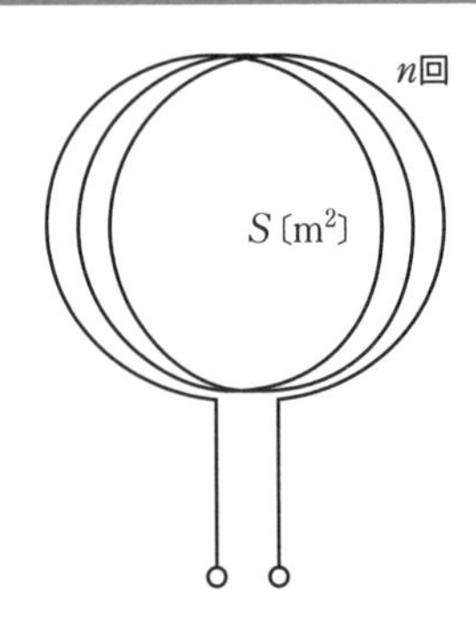

▼写真 5.1　正方形ループアンテナ

補足：写真 5.1 の正方形ループアンテナは周波数 40 kHz（波長は 7500 m）の長波標準電波 JJY 受信用のアンテナとして使用したので、一辺が 1 m で導線が 100 回巻いてあります。

●微小ループアンテナに誘起される電圧

図 5.2 に示す左右の一辺が x〔m〕、上下の一辺が y〔m〕の微小ループアンテナで電波を受信する場合にアンテナに誘起する電圧を求めます。

左右の導線に誘起される電圧は、大きさと位相が同じで、方向が真逆なので相殺されます。上下の導線に誘起される電圧は大きさが同じで位相が異なり、位相差に応じた電圧が発生します。

図5.2　電界と微小ループアンテナ

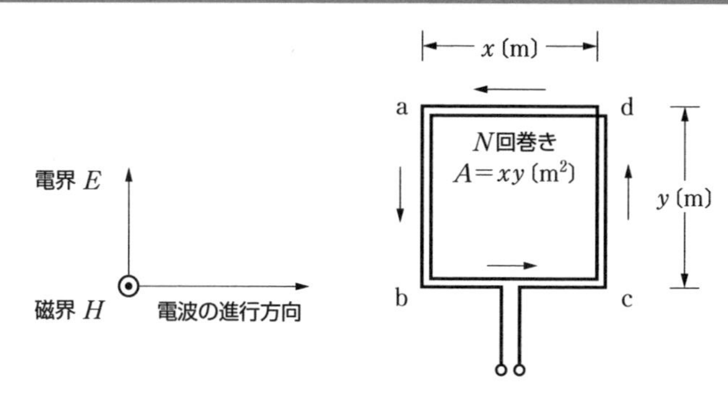

図5.3　微小ループアンテナの誘起電圧

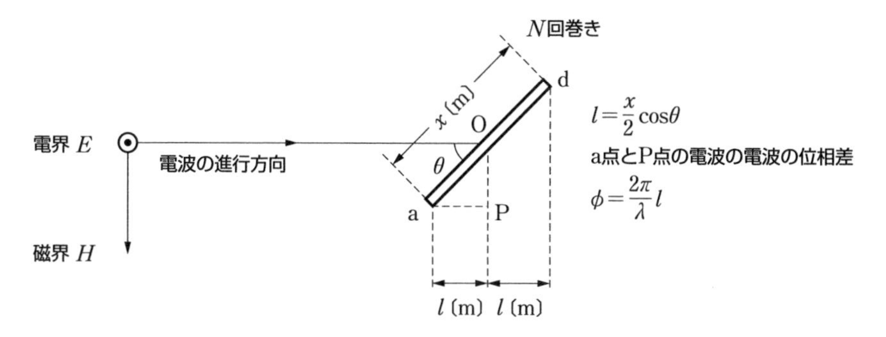

図 5.3 に示す微小ループアンテナの面が電波の進行方向と角度 θ だけ傾いているときの誘起電圧の大きさ V〔V〕は、微小ループアンテナの面積を A〔m²〕、導線の巻き数を N 回、電波の波長を λ〔m〕、電界強度を E〔V/m〕とすると、次式で表せます。

$$V = \frac{2\pi AN}{\lambda} E\cos\theta \quad 〔\mathrm{V}〕 \qquad \cdots (5.1)$$

電界強度を E〔V/m〕、アンテナの実効長 h_e〔m〕、導誘起電圧〔V〕の関係は、$V = h_e E$ なので、式 (5.1) より、微小ループアンテナの実効長 h_e〔m〕は次のようになります。

$$h_e = \frac{2\pi AN}{\lambda} \quad 〔\mathrm{m}〕 \qquad \cdots (5.2)$$

●微小ループアンテナの指向特性

微小ループアンテナの水平面内の指向特性を図 5.4 に示します。微小ループアンテナで電波をいちばん強く受信できるのは到来電波の方向とループ面が平行になるときです。微小ループアンテナと 1 波長ループアンテナでは電波を強く受信できるループ面の方向が 90° 違っています。

図5.4 微小ループアンテナの水平面内の指向特性

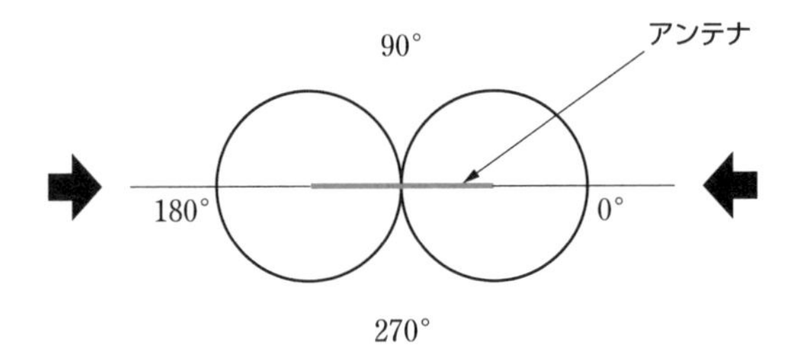

微小ループアンテナは、写真 5.2 に示すように船舶の方向探知機用のアンテナとしても使われています（現在、船舶の位置決めには GPS などの GNSS 衛星が使われています）。

▼写真 5.2　船舶に備えられているループアンテナ

微小ループアンテナの水平面内の指向特性は図 5.4 で分かるように電波が 0° の方向から到来しているのか 180° の方向から到来しているのか分かりません。そこで、ループアンテナの近くに全方向性（無指向性）の垂直アンテナを置き、それぞれの指向特性を合成して図 5.5 で示すカージオイド（cardioid：ハート形）の指向特性にすることで電波の到来方向を決めることができます。

図5.5　電波の到来方向の決定法

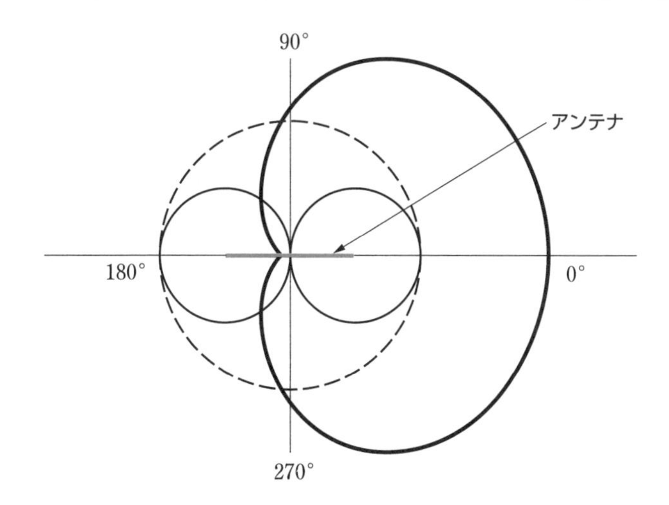

5-2
1波長ループアンテナ

ループアンテナの1周分の長さが1波長のループアンテナが、1波長ループアンテナです。電波がループ面と直角に到来したとき電波をいちばん強く受信します。

1波長ループアンテナとは

1波長ループアンテナはループの長さが1波長のアンテナです。図5.6は1波長アンテナとその電流分布を表した図です。1波長アンテナのa点とb点を結び円形にすると図5.7に示すような円形ループアンテナができます。1波長ループアンテナの直径D〔m〕は次のようになります。円形ループアンテナの半径をR〔m〕とすると、円周の長さが$2\pi R$〔m〕なので、これが1波長λに等しくなります。すなわち、$2\pi R = \lambda$なので$\pi D = \lambda$となります。

図5.6　1波長アンテナの電流分布

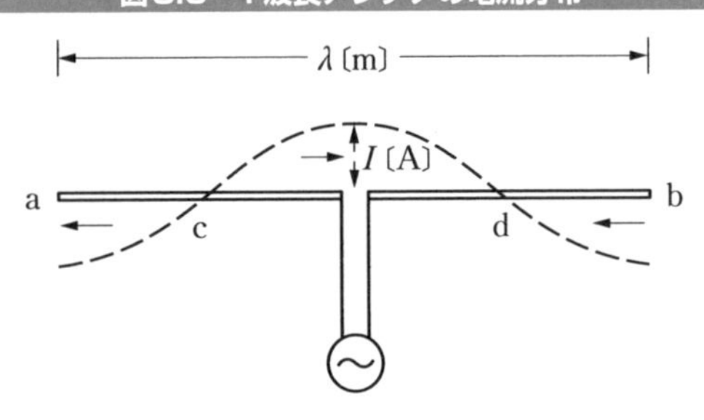

図5.7　円周を1波長としたループアンテナ

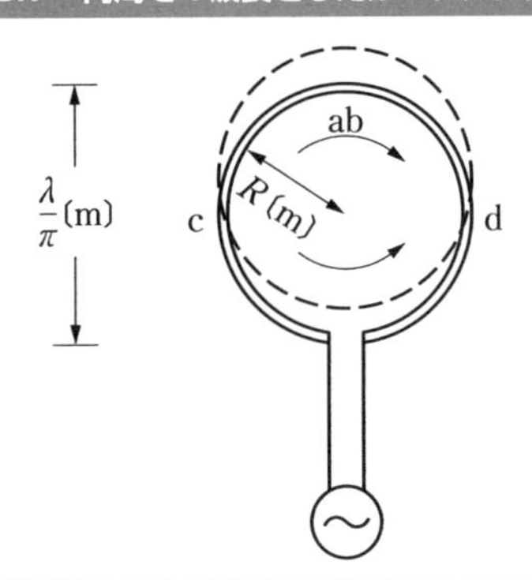

これから D を求めると、

$$D = \frac{\lambda}{\pi} \quad 〔\mathrm{m}〕 \qquad \cdots (5.3)$$

● 1波長ループアンテナからの電波の放射

円周を1波長とした1波長ループアンテナからどのように電波が放射されるのでしょうか。図5.8に示すように、円形ループアンテナの中心から角度 θ のP点とy軸に対象なQ点における電流を垂直成分 I_V〔A〕と水平成分 I_H〔A〕に分けると I_V 成分は打ち消され、I_H は2倍になり水平偏波の電波を送受信するのに適しています。この1波長の円形ループアンテナは、図5.9に示すように0.27波長離して設置した2本の半波長ダイポールアンテナと等価になります。

図5.8　1波長ループアンテナ上の電流

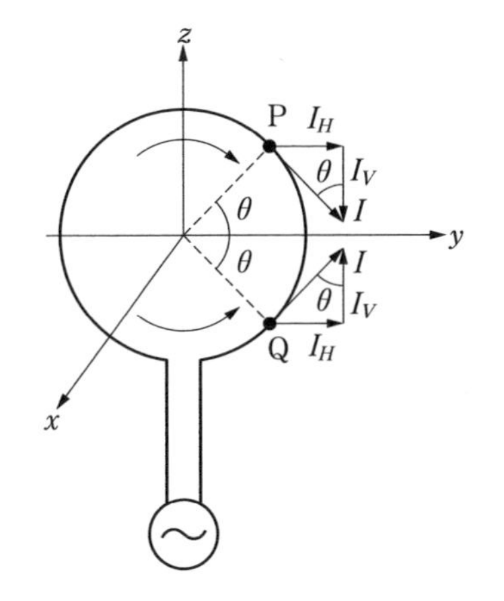

図5.9　波長としたループアンテナと等価なダイポールアンテナ

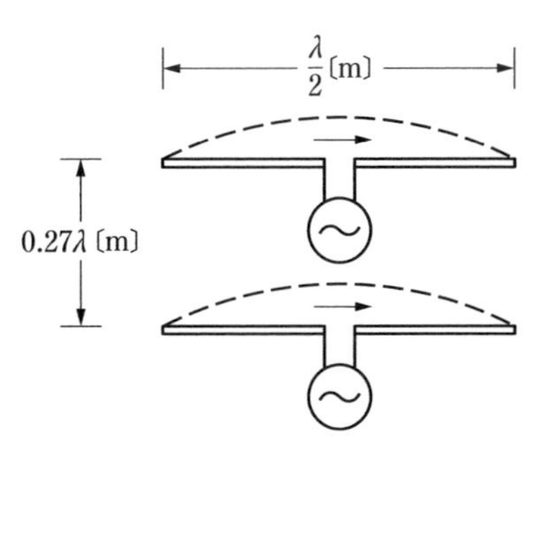

●1波長ループアンテナの指向特性

1波長ループアンテナの水平面内の指向特性を図5.10に示します。1波長ループアンテナで電波を強く送受信できるのは到来電波の方向とループ面が垂直になるときです。微小ループアンテナとは90°方向が相違しています。

図5.10　1波長ループアンテナの水平面内指向特性

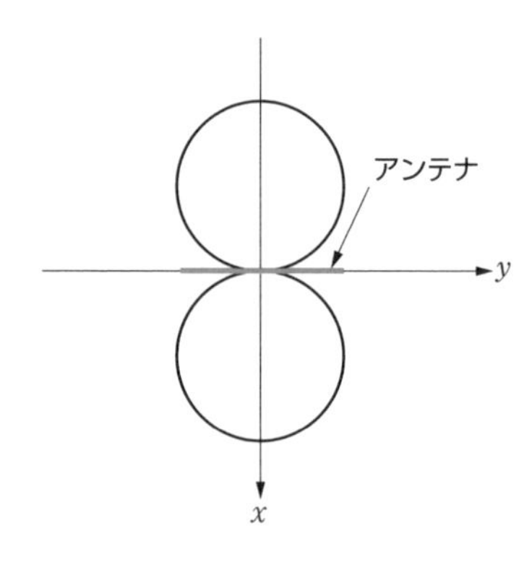

一辺の長さを1/4波長とした四角形のループアンテナを放射器とし、全長が数%長い四角形のループを反射器として、0.1〜0.25波長程度後方に配置すると写真5.3に示すキュビカルクワッドアンテナになりアマチュア無線で使われています。

▼写真5.3　キュビカルクワッドアンテナ

第6章

1/4波長垂直接地アンテナと垂直系アンテナ

接地アンテナの基本は、1/4波長の導線を地面に垂直に設置したアンテナです。このアンテナは影像効果で半波長ダイポールアンテナの片側が地面の下にあると考えることができます。本章では1/4波長垂直接地アンテナの原理と身近にある垂直系アンテナについて学びます。

6-1

1/4波長垂直接地アンテナ

基本アンテナの1つの1/4波長垂直接地アンテナの電流分布は基部で最大、先端部でゼロになり、水平面内の指向特性は全方向性（無指向性）となります。

1/4波長垂直接地アンテナ

図 6.1 (a) は 1/4 波長垂直接地アンテナ、図 6.1 (b) は地面を完全な導体とみなした場合の影像効果で 1/4 波長垂直接地アンテナが半波長ダイポールアンテナと等価になることを示しています。

図6.1　1/4波長垂直接地アンテナと影像効果

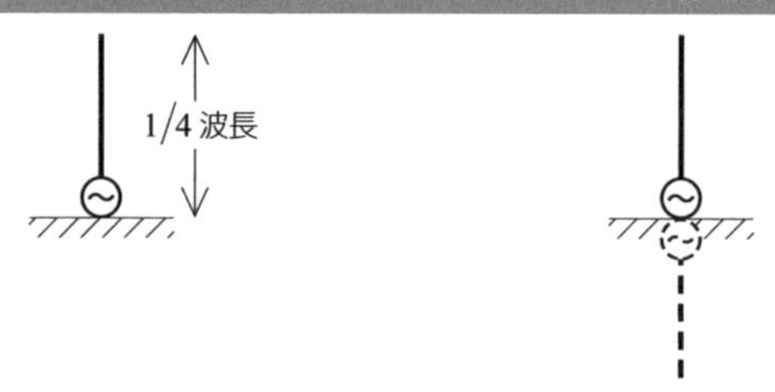

●1/4波長垂直接地アンテナの電流分布

1/4 波長垂直接地アンテナの電流分布を図 6.2 に示します。電流はアンテナの先端部分でゼロ、基部で最大になります。

図6.2　1/4波長垂直接地アンテナの電流分布

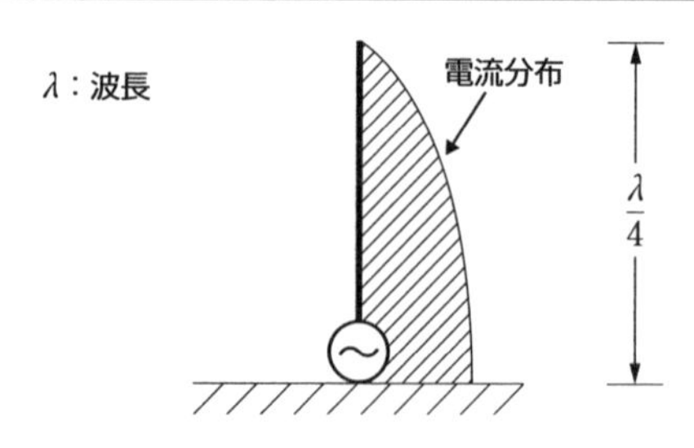

● 1/4波長垂直接地アンテナの放射抵抗

1/4 波長垂直接地アンテナの放射抵抗は半波長ダイポールアンテナの放射抵抗 73.13 Ω の半分になるので 36.57 Ω になります。

● 1/4波長垂直接地アンテナの指向特性

1/4 波長垂直接地アンテナの水平面の指向特性は図 6.3 に示すように全方向性（無指向性）になります。そのため全方向に等しく電波が放射されるため基地局などに適しています。

図6.3　1/4波長垂直接地アンテナの水平面の指向特性

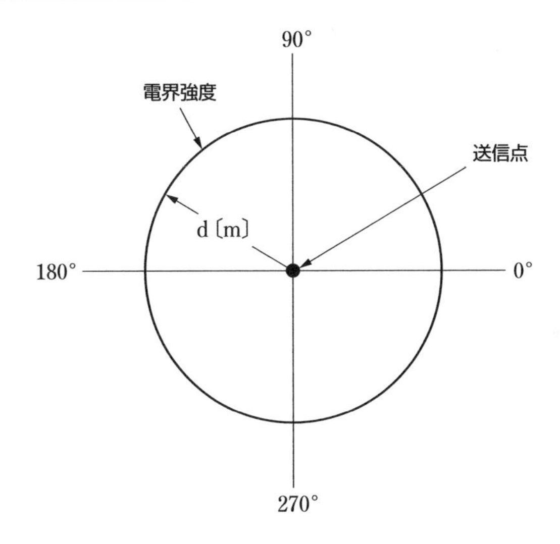

● 1/4波長垂直接地アンテナの実効高

半波長ダイポールアンテナは水平に展張されることが多いので実効長と呼びますが、1/4 波長垂直接地アンテナは垂直に設置されるので実効高と呼びますが同じ意味です。実効高は半波長ダイポールアンテナの実効長 $h_e = \frac{\lambda}{\pi}$〔m〕の半分の $\frac{\lambda}{2\pi}$〔m〕になります。

●1/4波長垂直接地アンテナの等価回路

終端が開放されているときの伝送線路は 1/4 波長の奇数倍では送端インピーダンスが 0〔Ω〕になるため等価回路は図 6.4 に示すように直列共振回路になります。ただし、R_e〔Ω〕は実効抵抗、L_e〔H〕は実効インダクタンス、C_e〔F〕は実効キャパシタンスを表し、共振周波数 f〔Hz〕は次式になります。

$$f=\frac{1}{2\pi\sqrt{L_eC_e}} \quad \cdots (6.1)$$

図6.4　1/4波長垂直接地アンテナの等価回路

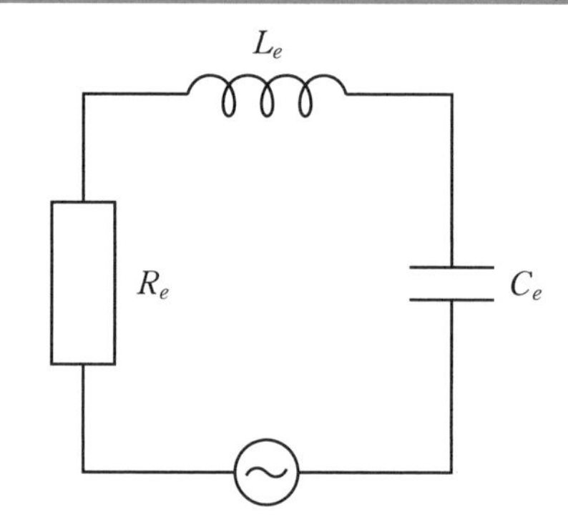

●延長コイルと短縮コンデンサ

垂直接地アンテナの長さが共振周波数より短い場合、図 6.5 (a) に示すようにアンテナの基部に延長コイル L を挿入することで共振周波数が低くなり共振させることができます。その等価回路を図 6.5 (b) に示します。共振周波数 f〔Hz〕は次式になります。

$$f=\frac{1}{2\pi\sqrt{(L_e+L)C_e}} \quad \cdots (6.2)$$

一方、アンテナの長さが共振周波数より長い場合、図 6.6 (a) に示すようにアンテナの基部に短縮コンデンサ C を挿入することで共振周波数が高くなり共振させることができます。その等価回路を図 6.6 (b) に示します。共振周波数 f〔Hz〕は次式になります。

$$f = \frac{1}{2\pi\sqrt{L_e\left(\frac{C_e C}{C_e + C}\right)}} \quad \cdots (6.3)$$

図6.5　延長コイルと等価回路

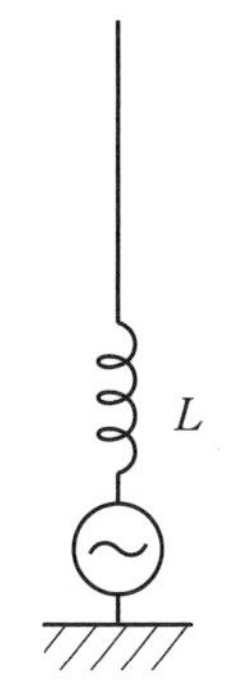

(a)延長コイル

L_e　R_e　C_e　L

(b)等価回路

図6.6　短縮コンデンサと等価回路

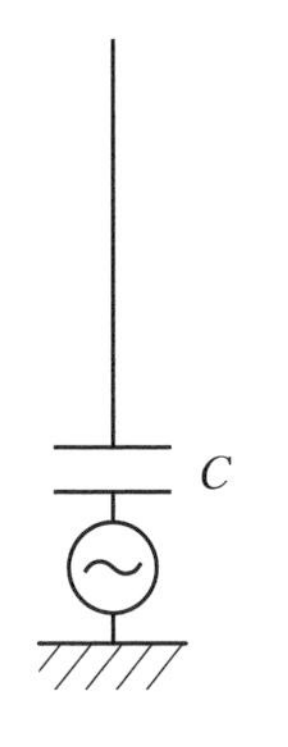

(a)短縮コンデンサ

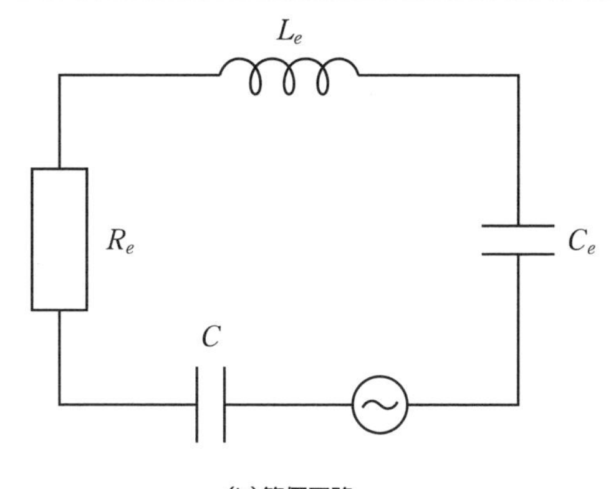

(b)等価回路

6-1　1/4波長垂直接地アンテナ

垂直系アンテナを搭載した船舶の例を写真 6.1 に示します。

▼写真 6.1　垂直系アンテナを搭載した巡視船

6-2

様々な垂直系アンテナ

垂直系のアンテナは、大電力の放送用から小電力の車載用まで幅広く使われており、設置面積の小さな場所でも容易に設置でき、船舶局でも多用されています。

中波AM放送用接地アンテナ

中波AM放送局の多くは、サービスエリアを確保するため大電力の送信機と大きなアンテナを使用しています。

中波AM放送局の周波数は、531 ～ 1602 kHz で 9 kHz 間隔で割り当てられています。

その波長は、約 160 ～ 560 m にもなり、1/4 波長としても長さが約 48 ～ 140 m になり、地上高の高い巨大なアンテナが必要になります。

特にNHK第2放送は、全国同一の番組で放送しているのでサービスエリアを確保するためNHK第1放送に比べ大電力で放送（札幌、秋田、東京、熊本のNHK第2放送局は 500 kW）しています。

図6.7　0.53波長のフェージング防止用アンテナ

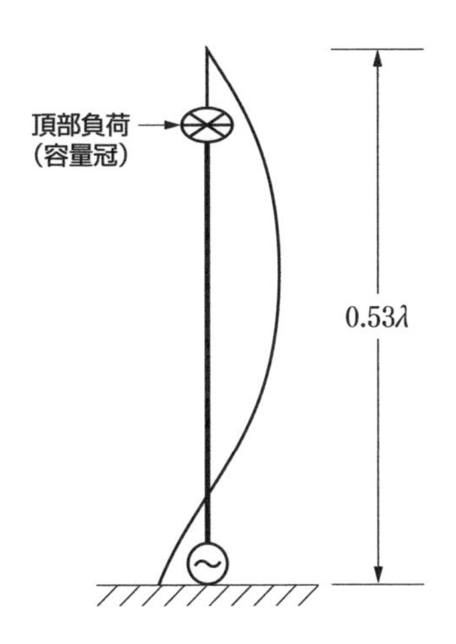

中波 AM 放送の電波は、夜間に電離層の影響を受けフェージングを生じることがあります。そのため、図 6.7 に示すような地上高が 1/4 波長より長い 0.53 波長のフェージング防止用アンテナが使われることがあります。

アンテナの高さを低くするための工夫もなされています。写真 6.2 に示す**容量冠**と呼ばれる負荷をアンテナの頂部に取り付けることによりアンテナの実効高を等価的に高くすることができます。

▼写真 6.2　中波 AM 放送用アンテナの容量冠

COLUMN フェージング

アンテナから高仰角で電波を放射すると、受信点において地上波と電離層反射波が干渉して電波が強くなったり弱くなったりする**フェージング現象**を起こすことがあります。

フェージングを解消するアンテナが **0.53 波長のフェージング防止用アンテナ**で垂直面内の指向特性は図 6.8 のようになります。

図6.8　0.53波長のフェージング防止用アンテナの垂直面内の指向特性

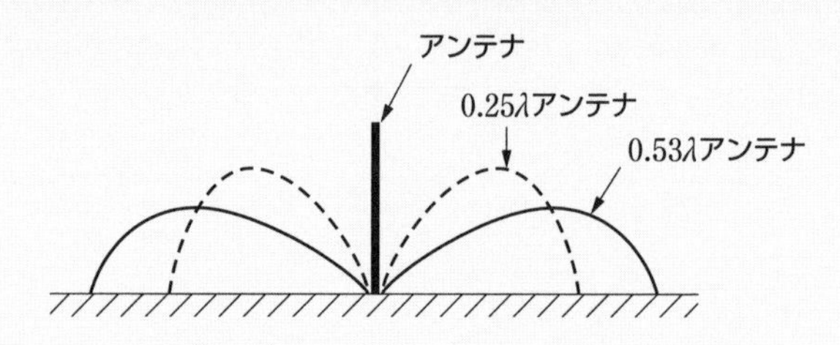

スリーブアンテナ

図6.9に示すように同軸ケーブルの中心導体に1/4波長の長さのアンテナ素子を取り付け、外部導体に1/4波長の「スリーブ（袖（そで）という意味）」を接続します。そうすると、半波長ダイポールアンテナと同様な電流分布になります。これを**スリーブアンテナ**といいます。スリーブアンテナの放射抵抗は半波長ダイポールアンテナと同じ約73 Ω、垂直に設置したときの水平面内の指向特性は全方向性（無指向性）で垂直面内の指向特性は8字形となります。「**地線（ラジアル）**」（次頁）が無いため船舶のように空間が限られている場所への設置が容易になります。

図6.9　スリーブアンテナと電流分布

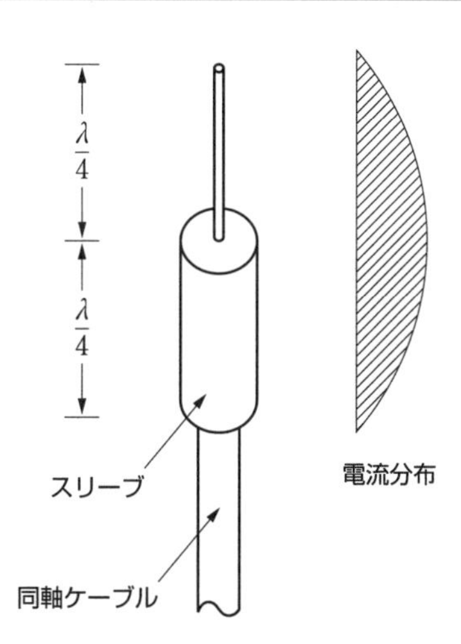

第6章　1／4波長垂直接地アンテナと垂直系アンテナ

ブラウンアンテナ

スリーブアンテナの金属円筒部を導線に代えても同様な動作をします。この導線を地線（ラジアル）と呼びます。通常、地線は4本で水平方向に、それぞれ90°間隔に開くと、図6.10に示すブラウンアンテナになります。ブラウンアンテナの水平面内の指向特性は、全方向性（無指向性）で放射抵抗は約20 Ωになります。

図6.10　ブラウンアンテナ

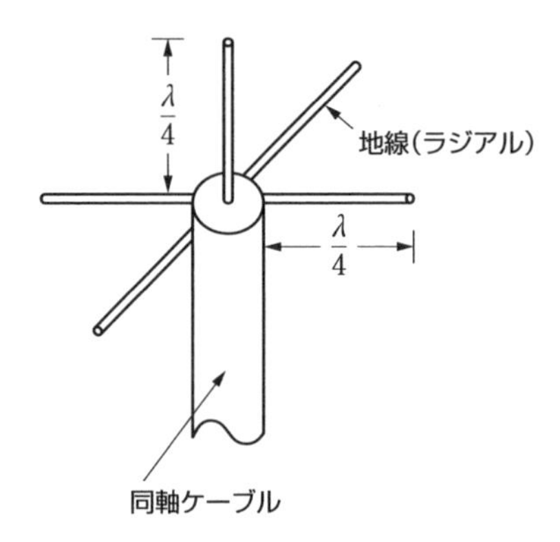

▼写真6.3　ブラウンアンテナ

ブラウンアンテナの放射抵抗は、約 20 Ω です。一般の同軸ケーブルの特性インピーダンスは、50 Ω なので、直接接続をすると不整合になります。そこで、図 6.11 (a) や (b) に示すような形状にすることにより放射抵抗を 50 Ω にすることができるため、特性インピーダンスが 50 Ω の同軸ケーブルを直接接続して使用できるようになります。

図6.11　ブラウンアンテナの放射抵抗を変化させる方法

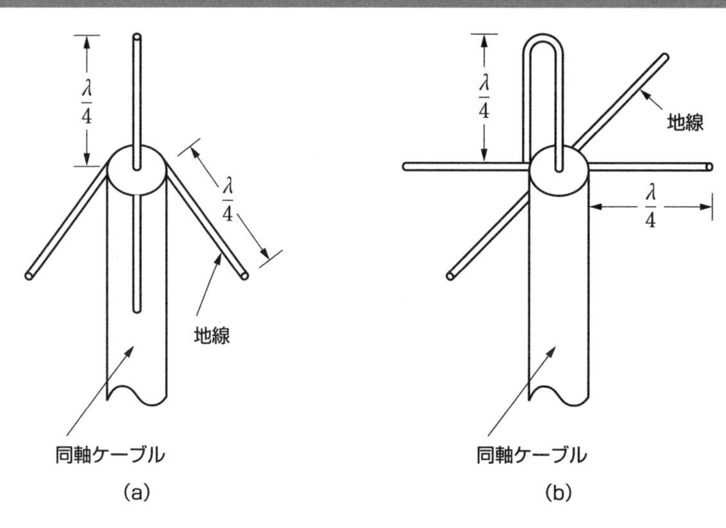

COLUMN　ブラウンアンテナの放射抵抗はなぜ20〔Ω〕

半波長ダイポールアンテナの放射抵抗 R_r〔Ω〕は 4 章で示したように次のようになります。

$$R_r = 80\pi^2 \left(\frac{h_e}{\lambda}\right)^2 \quad 〔Ω〕$$

ただし、h_e〔m〕はアンテナの実効高、λ〔m〕は波長です。

ブラウンアンテナの実効高は、1/4 波長垂直アンテナと同じで $h_e = \frac{\lambda}{2\pi}$〔m〕なので、$R_r = 80\pi^2 \left(\frac{h_e}{\lambda}\right)^2 = 80\pi^2 \left(\frac{\lambda/2\pi}{\lambda}\right)^2 = 80\pi^2 \times \frac{1}{4\pi^2} = 20\,\Omega$

グランドプレーンアンテナ（ホイップアンテナ）

ブラウンアンテナの地線の代わりに、図 6.12 に示すように直径が 1/2 波長より大きな**導体板**を取り付けると地線と同じ働きをします。地線は大地と同様の効果があり、**接地アンテナ**として動作します。金属製の自動車の屋根などは、良い導体板になるので、地面の代わりになります。

このようなアンテナを**グランドプレーンアンテナ**また**ホイップアンテナ**といいます。グランドプレーンアンテナは、VHF 帯や UHF 帯の周波数の電波を使用する自動車で多用されています。

放射抵抗は、ブラウンアンテナと同じ約 20 Ω です。特性インピーダンスが 50 Ω の同軸ケーブルを直接接続できるようにするため、図 6.13 示すような工夫がなされています。

図6.12 グランドプレーンアンテナ（ホイップアンテナ）

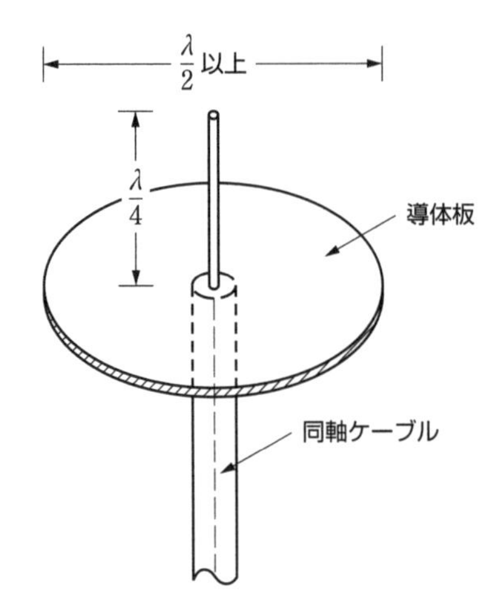

図6.13　放射抵抗を変化させるグランドプレーンアンテナの例

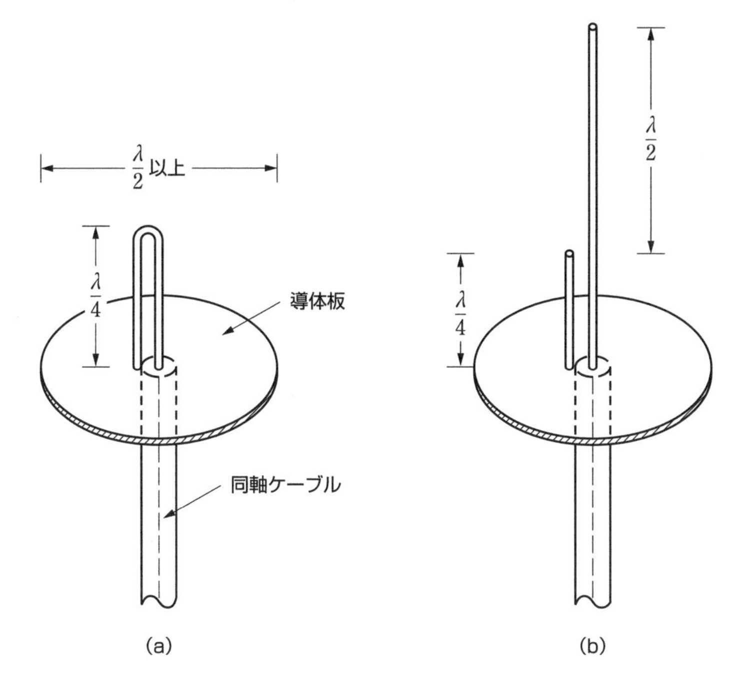

コリニアアンテナ

スリーブアンテナを図 6.14 のように多段に配置したアンテナを**コリニアアンテナ**といいます。各アンテナ素子が同位相になるようにしたアンテナで、水平面内の指向特性は全方向性（無指向性）、垂直面内の指向特性はスリーブアンテナよりビーム幅の小さい 8 字特性となります。

高利得の垂直偏波のアンテナとして、防災、消防などの基地局などのアンテナとして使われています。利得は 2 段コリニアアンテナで 4.15 dB、3 段コリニアアンテナで 6.15 dB 程です。

図6.14　コリニアアンテナ

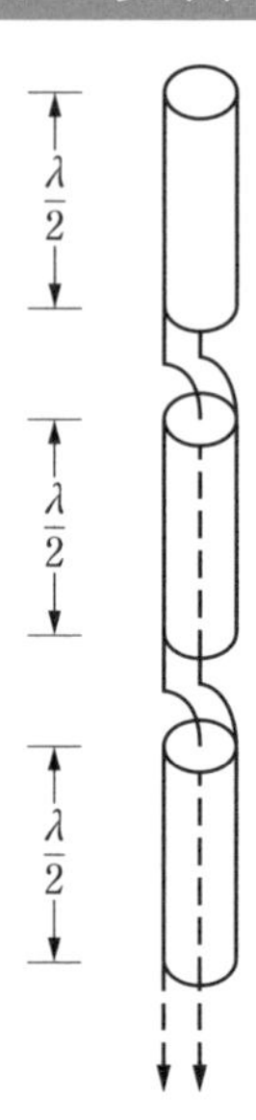

▼写真 6.4　コリニアアンテナ

第7章

アレーアンテナ

アレーアンテナのアレー（array）とは、「配列する」、「整列させる」という意味で、数本のアルミニウム棒などの金属棒や金属パイプを一定の間隔で配列した八木・宇田アンテナは、アレーアンテナの代表的なものです。八木・宇田アンテナの利得は高く、その指向特性は単一指向性で、特定の方向に電波を強く放射することができます。１波長ループアンテナを２つ用いた双ループアンテナを数個配列したアンテナは地デジテレビの送信用アンテナに使われています。

7-1 1/4波長間隔で並べた2本のアンテナ素子の相互作用

給電素子と無給電素子を1/4波長の間隔で並べて配置すると、無給電素子に電圧が誘起されます。

給電素子と無給電素子

代表的なアレーアンテナである**八木・宇田アンテナ**は、1926年に東北大学の八木秀次、宇田新太郎両博士により発明された単一指向性アンテナでテレビの受信用アンテナのほか、短波帯～極超短波帯の送受信用アンテナとして広く使われています。

八木・宇田アンテナが発明された当時は必ずしも高い評価はされていませんでしたが、アメリカで使われると、その性能が高く評価され、その後、日本でも広く普及した経緯のあるアンテナです。

●2本のアンテナ素子の相互作用

図7.1 (a) は給電するアンテナ素子A (以下「A」という) とAより長さを少し長くした無給電のアンテナ素子R (以下「R」という) を1/4波長の間隔で並べ、Aから電波を放射した場合の様子を示した図で、図7.1 (b) はその様子をアンテナ素子の軸方向から見た図です。

図7.1 (b) においてAに高周波電流を給電すると、Aから放射された電波とAから放射された電波によりRに起電力が生じRから再放射される電波が発生します。その結果、Aより右側はAから放射される電波とRから再放射される電波が同位相となるため電波が強く放射されます。

Aより左側はAから放射される電波とRから再放射される電波が逆位相となるため電波はほとんど放射されません。このような無給電素子Rを反射器といいます。

図7.1　２本のアンテナ素子の相互作用

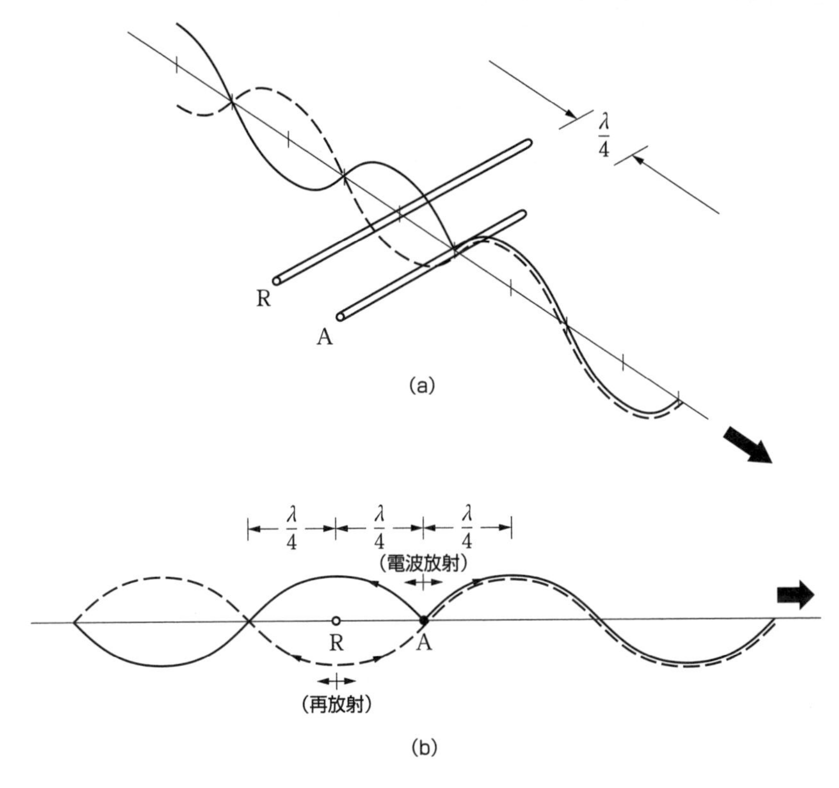

補足：アンテナ素子Aとアンテナ素子Rの間隔は、1/4波長ですので位相でいうと90°の違いになります。Aから放射した電波がRに到達すると位相が90°遅れます。Rの長さはAより少し長くして誘導性にしてあるため誘起する電流はさらに90°遅れるためRから再放射される電波の位相は図7.1（b）の点線のようになります。

7-2

八木・宇田アンテナ

八木・宇田アンテナは、給電素子の放射器、無給電素子の反射器、導波器から構成されています。反射器は放射器より少し長く、導波器は放射器より少し短くなっています。

基本的な三素子八木・宇田アンテナ

最も基本的な八木・宇田アンテナは図 7.2 に示す**放射器** A、**反射器** R、**導波器** D で構成される三素子八木・宇田アンテナです。

放射器 A（以下「A」）の長さ l_A〔m〕は 1/2 波長、反射器 R（以下「R」）の長さ l_R〔m〕は 1/2 波長より少し長く（誘導性になる）、導波器 D（以下「D」）の長さ l_D〔m〕は 1/2 波長より少し短く（容量性になる）、A と R の間隔を d_1〔m〕、A と D の間隔を d_2〔m〕はそれぞれ 1/4 波長とします。

図7.2　三素子八木・宇田アンテナの構成

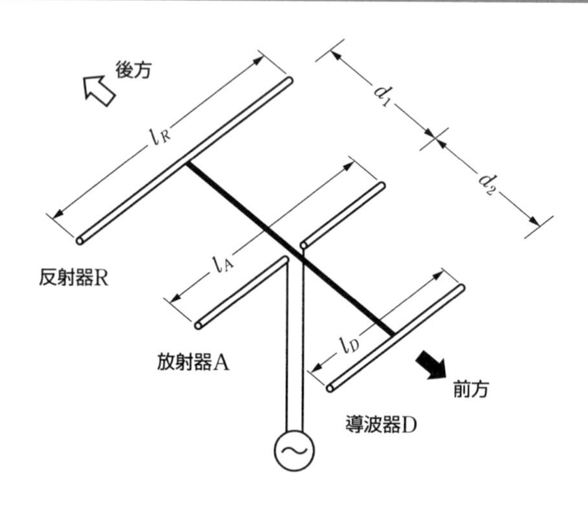

AとRの相互作用は7.1で述べたとおりですが、AとDの相互作用は次のようになります。

図7.3においてAから放射された電波は実線のように広がります。AとDの間隔は1/4波長なのでAから放射した電波がDに到達すると位相が90°遅れますが、Dの長さはAより少し短くして容量性にしてあるため誘起する電流は90°進むためDから再放射される電波は点線のようになり、Aから右側では電波は強められ、左側では電波はほとんど放射されません。

八木・宇田アンテナの水平面内の指向特性は図7.4に示すように単一指向性になり、特定の方向に電波を強く送受信できるようになります。

図7.3　放射器Aと導波器Dの相互作用

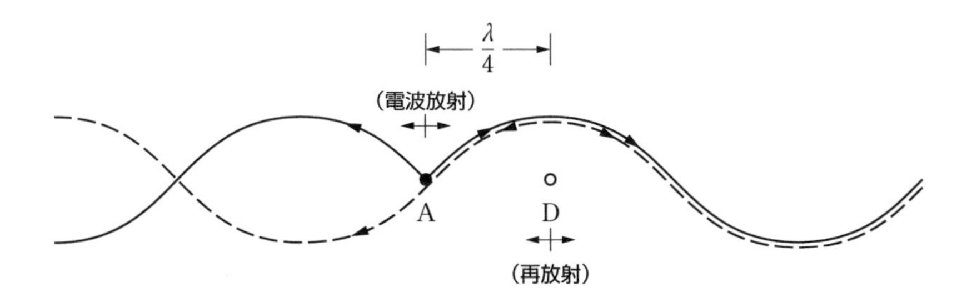

図7.4　八木・宇田アンテナの水平面内の指向特性

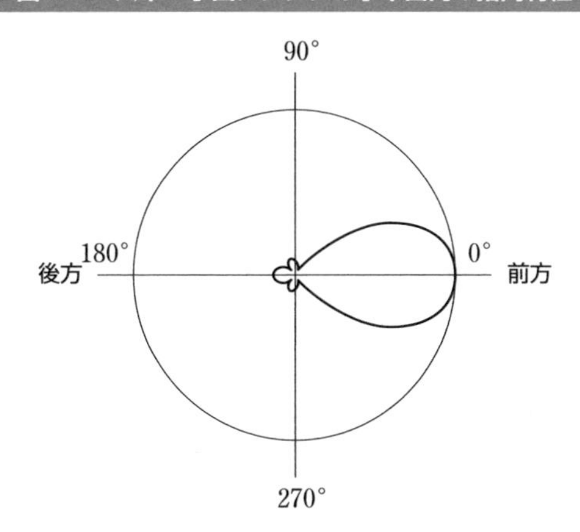

受信周波数を広くする三素子八木・宇田アンテナ

八木・宇田アンテナで使用できる周波数帯域幅は比較的狭く、通信用に使用する場合は問題にはなりませんが、チャネル数の多いテレビの電波のような広い周波数帯域を受信する必要のある場合には、広帯域で使用できるアンテナが必要になります。

その場合は図 7.5 に示すように放射器 A を折り返しダイポールアンテナにします。放射器 A を折り返すことで放射抵抗が増加して周波数帯域が広くなります。放射器に半波長ダイポールアンテナを使用した場合の放射抵抗は約 73 Ω ですが、折り返しダイポールアンテナにすると、放射抵抗は 4 倍の約 292 Ω になり、実効長は半波長ダイポールアンテナの 2 倍の $2\lambda/\pi$〔m〕になります。

図 7.5　広帯域三素子八木・宇田アンテナの例

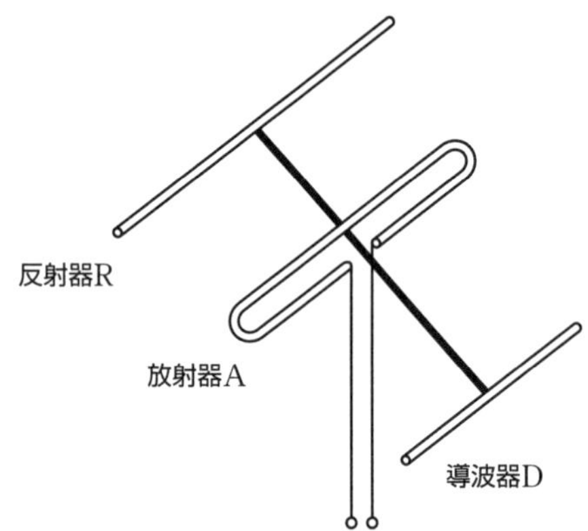

高利得の八木・宇田アンテナ

通信用などでさらに高利得（指向性が鋭くなる）の八木・宇田アンテナが必要な場合は、図7.6に示すように導波器の数を増やしたり、図7.7に示すように複数本のアンテナを配置することで利得を増加させることができます。

図7.6　高利得にする八木・宇田アンテナの例1

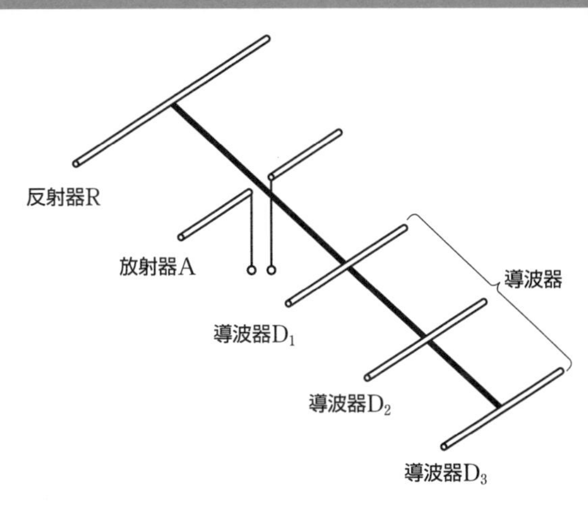

▼写真7.1　5素子八木・宇田アンテナ

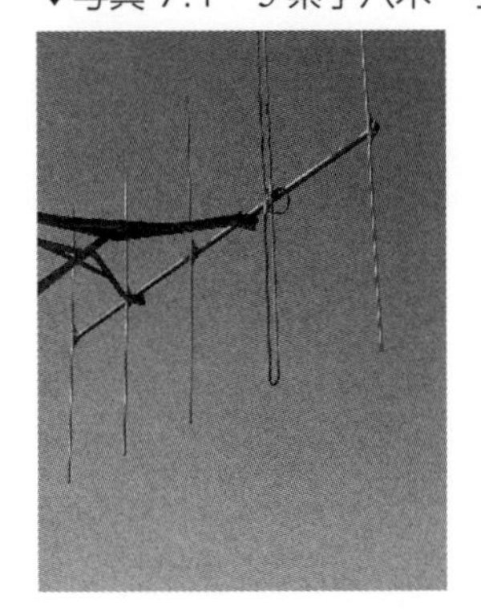

図7.7　高利得にする八木・宇田アンテナの例2

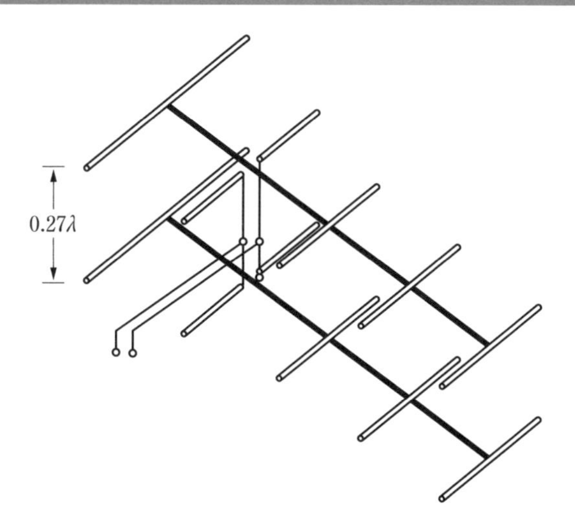

ルーブ素子を使用した八木・宇田アンテナ

アンテナ素子を図 7.8 に示すように 1 波長のループ素子にすることもあります。ループ素子の電流分布は 5.10 で示したように上側と下側が最大になり、上側と下側に最大の電流が流れ水平偏波の電波の送受信に適しています。八木・宇田アンテナと比べると周波数特性は広くなります。図 7.8 は円形のループ素子を用いたアンテナですが、三角形や四角形などのループ素子を用いたアンテナもあります。

図7.8　ループ素子を使用した八木・宇田アンテナ

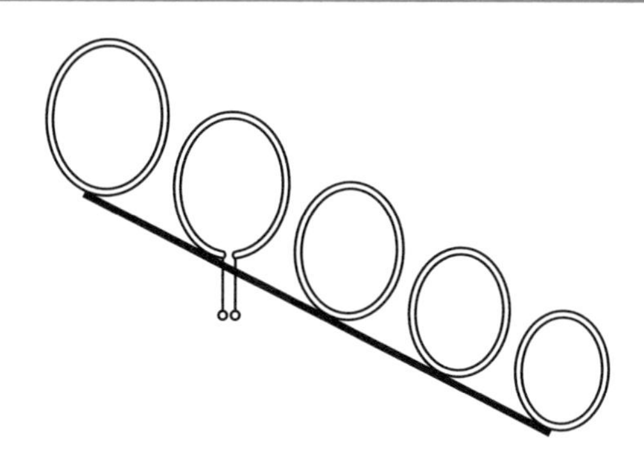

7-3

その他のアレーアンテナ

八木・宇田アンテナは典型的なアレーアンテナですが、他にも多くのアレーアンテナがあります。例として対数周期アンテナ、双ループアンテナ、カーテンアンテナを紹介します。

対数周期アンテナ

アンテナの長さは、使用する電波の周波数に依存するため、低い周波数では、波長が長くなりアンテナは長く（大きく）なり、高い周波数では、波長が短くなりアンテナは短く（小さく）なります。そのため、周波数の異なる多くの電波を送受信しようとすると、送受信周波数に適した数多くのアンテナが必要になり不便です。

ところが、**定インピーダンス**のアンテナを使うことで、周波数の異なる多くの電波を能率良く送受信することができるようになります。このようなアンテナの１つに**対数周期アンテナ**（ログペリアンテナ）などがあります。図 7.9 に対数周期アンテナの原理図を示します。

図 7.9　対数周期アンテナの原理

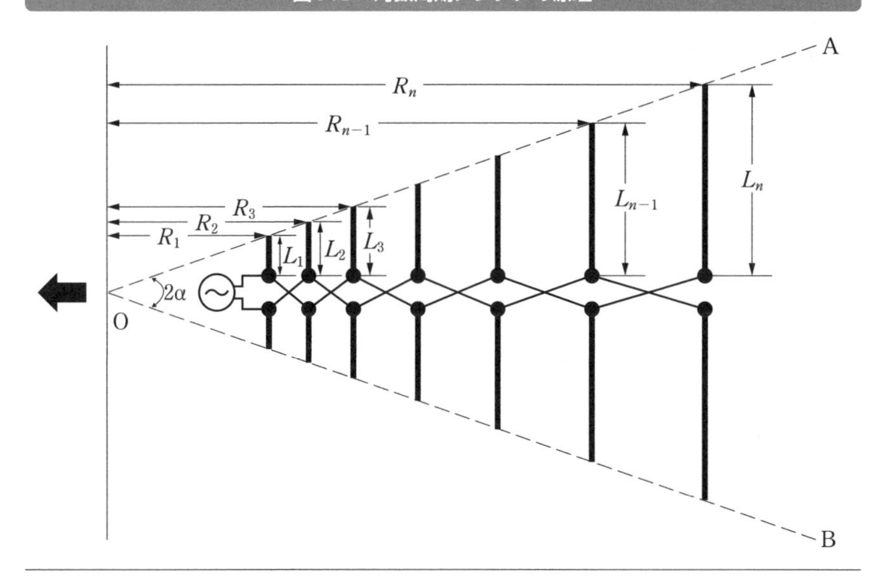

図7.9において、O点から、それぞれのダイポールアンテナまでの距離を $R_1R_2R_3\cdots$、$R_{n-1}R_n$ とし、ダイポールアンテナの長さの半分を $L_1L_2L_3\cdots$、$L_{n-1}L_n$ とする。
また、∠OABを 2α とします。

対数周期アンテナは次式を満足するように素子を配置します。

$$\frac{R_1}{R_2}=\frac{R_2}{R_3}==\frac{R_{n-1}}{R_n}=\frac{L_1}{L_2}=\frac{L_2}{L_3}==\frac{L_{n-1}}{L_n}=\tau \quad (\tan\alpha=\frac{L_n}{R_n}) \qquad \cdots (7.1)$$

ただし、τ は対数周期比と呼び、通常0.7～0.9と程度です。

対数周期アンテナで使用できる周波数の下限は、「ダイポールアンテナの最短となる素子の長さ」、周波数の上限は、「ダイポールアンテナの最長となる素子の長さ」に依存します。使用できる周波数帯域は、最低周波数の10倍程度までは可能です。入力インピーダンスは50 ～ 100Ω程度にすることができ、50Ωの同軸ケーブルを直接接続することができます。

対数周期アンテナの具体的な使用例としては、通信用のほか、広い帯域の周波数帯で使用が可能なので、**スペクトラムアナライザ**など測定器用、広帯域の周波数の受信用アンテナとしても使用されます。

対数周期アンテナの使用例としては、写真7.2に示す航空機の「計器着陸装置ILS（Instrument Landing System）」の一部、滑走路への進入コースを指示する着陸援助用のローカライザ用のアンテナなどがあります。

▼写真7.2　ローカライザで使われている対数周期アンテナ

双ループアンテナ

円周を1波長としたループアンテナからは、円の中心方向から水平偏波の電波が放射されます。1波長ループアンテナ2本を図7.10(a)に示すように0.5波長離して設置したアンテナを2L形の双ループアンテナといいます。通常、双ループアンテナは、後方0.25波長程度の位置に反射板を付けて使用します。この2L形の双ループアンテナは4本の半波長ダイポールアンテナを配置したのと等価になり、約8dBの利得があります。

図7.10 双ループアンテナ

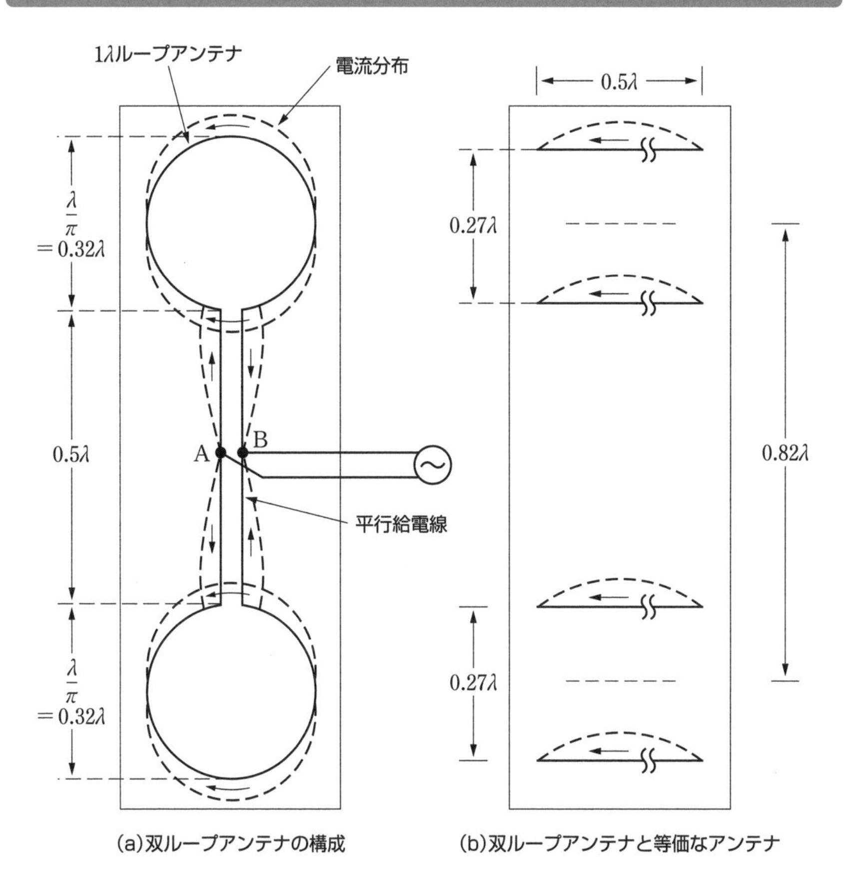

(a)双ループアンテナの構成　(b)双ループアンテナと等価なアンテナ

第7章 アレーアンテナ

地上デジタル TV 放送は、2003 年 12 月から東京、大阪、名古屋地区で開始され、全国展開は 2011 年 7 月でした。東京地区では、「東京タワー」からの地上デジタル TV の電波が「スカイツリー」からの電波に切り替わったのは、2013 年 5 月 31 日でした。スカイツリーから地上デジタル TV の電波を発射するための送信アンテナを取り付ける柱を「ゲイン塔」と呼んでいます。

ゲイン塔に設置されているテレビ用送信アンテナには、図 7.11 に示す 4L 形双ループアンテナアンテナが使われています。ゲイン塔上部に NHK 総合、NHK 教育、日本テレビ、テレビ朝日、TBS テレビ、テレビ東京、フジテレビの在京 7 局と予備 1 局分の計 8 局（4 段に分れて各段 2 局が設置されている）、それぞれに 4L 形双ループアンテナ 80 基（4 段 20 面）が使われています。アンテナの総数は 8 局分で、80 基 ×8 局 ＝ 640 基になります。

なお、4L 形双ループアンテナ 1 個の大きさは縦 1.5 m、横 0.4 m です。

図7.11　4L形双ループアンテナ

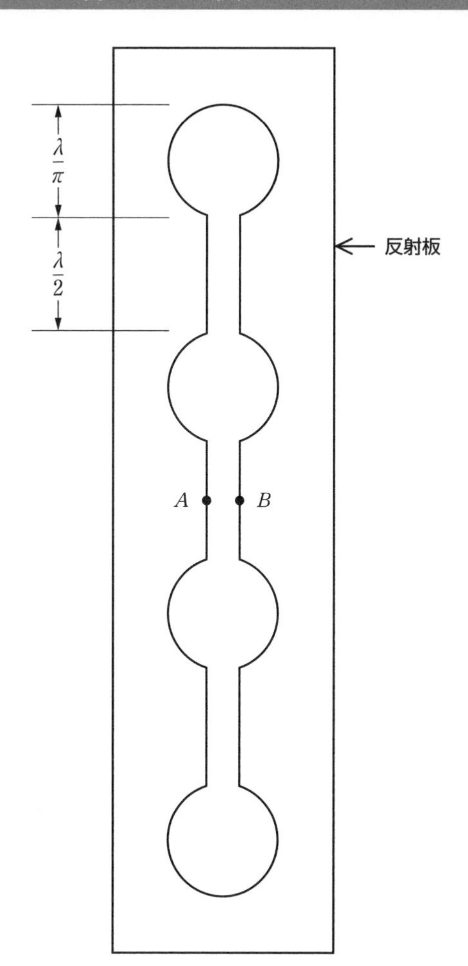

カーテンアンテナ

電離層反射を利用する短波帯の遠距離通信は、遠洋漁業通信などを除き使われなくなってきていますが、短波を使用した国際放送は健在です。

マイクロ波帯の通信は、パラボラアンテナを使用することにより強い指向特性を得られますが、波長が数 10 m の短波帯の電波に強い指向特性を持たせるために図7.12 に示すように半波長ダイポールアンテナを上下左右に 1/2 波長間隔で多数配置したビームアンテナが使われています。このアンテナの後方 1/4 波長の位置にアンテナと同じ構造の反射器を備えることで電界強度を高めることができます。写真 7.3 は短波国際放送用のカーテンアンテナです。

図7.12　ビームアンテナ

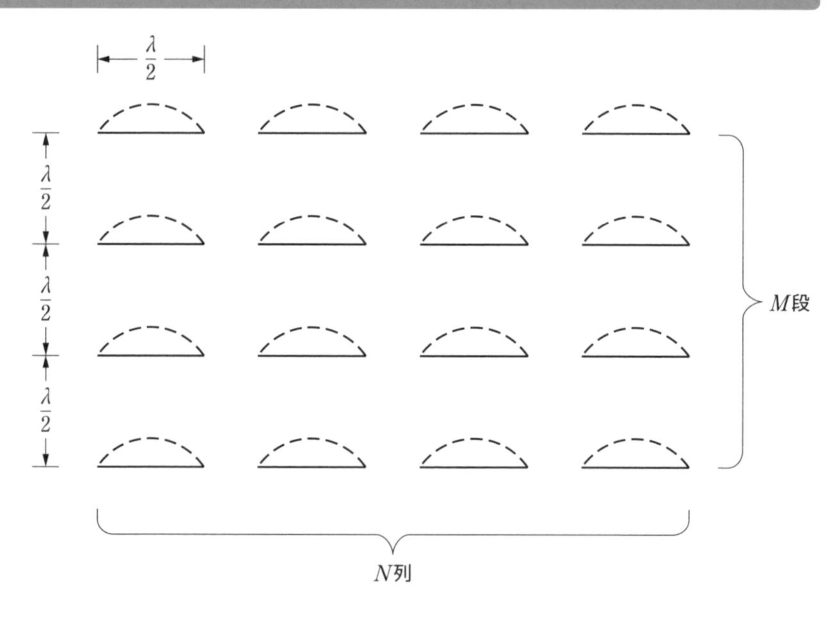

▼写真 7.3　カーテンアンテナの例

第8章

立体アンテナ

太陽の光をレンズで集めると容易に紙を燃やすことができます。これと同様に放物面反射鏡を用いることでアンテナに鋭い指向性と大きな利得を持たせることができ、電波を特定方向に強力に放射することができます。宇宙通信用パラボラアンテナ、衛星放送受信用のオフセットパラボラアンテナなどを立体アンテナ（開口面アンテナ）といいます。一般に立体アンテナはマイクロ波などの高い周波数領域で使用され、他のアンテナと比較して利得が大きいのが特徴です。

8-1

パラボラアンテナ

パラボラアンテナは、ダイポールアンテナや電磁ホーンなどの一次放射器と放物面反射鏡から構成される高利得アンテナでマイクロ波のような高い周波数で用いられます。

パラボラアンテナの原理

「**パラボラ**（parabola）」は、放物線という意味で、放物線を軸のまわりに回転させて作った面を回転放物面といいます。

パラボラアンテナは、図8.1に示すように、回転放物面反射鏡、電磁ホーンアンテナや半波長ダイポールアンテナなどの一次放射器から構成されるアンテナです。一次放射器を反射鏡の焦点に置くことで反射鏡のどの部分で反射した電波も開口面までの距離が同じになり平面波を放射することができます。

パラボラアンテナは、波長の短いマイクロ波の送受信用アンテナに適しています。パラボラアンテナは、三次元のアンテナですが、図8.1のように二次元で考えたほうが分かり易くなります。

図8.1　二次元表現のパラボラアンテナ

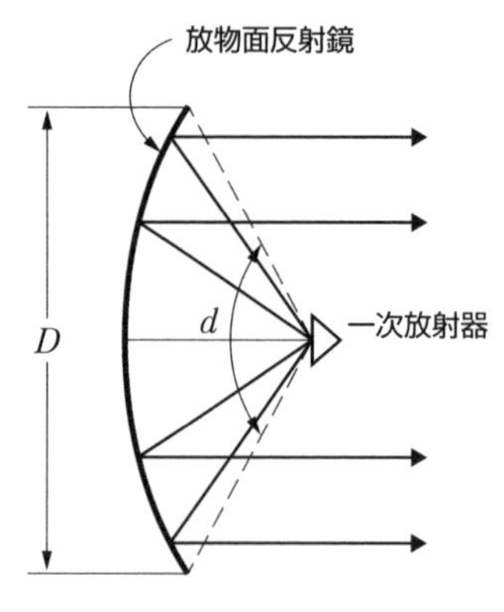

図8.2 パラボラアンテナの原理

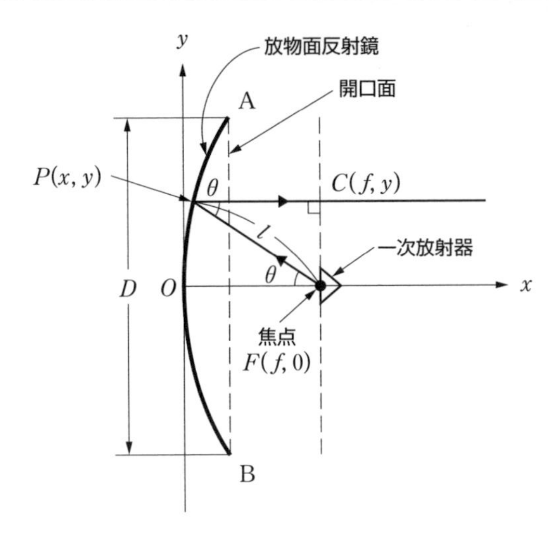

図 8.1 を図 8.2 のように各部の記号を定めます。

放物面反射鏡の焦点を F(f,0) とします。焦点 F に一次放射器を設置して電波の送受信を行うものとします。焦点 F からパラボラアンテナの中心 $O(0,0)$ 点に向かい、反射して再び焦点 F に向かう電波の経路長は $2f$ となります。

同様に、焦点 F から $P(x,y)$ 点に向かい、反射して $C(f,y)$ 点に向かう電波の経路長を d とすると、d は次式で表すことができます。

$$d = \overline{FP} + \overline{PC} = l + l\cos\theta \qquad \cdots (8.1)$$

d と $2f$ の長さが同じになると、電波の位相がそろい平面波として放射されます。式で示すと次式になります。

$$d = l + l\cos\theta = 2f \qquad \cdots (8.2)$$

$x = f - l\cos\theta$ となり、変形すると次式になります。

$$l\cos\theta = f - x \qquad \cdots (8.3)$$

$y = l\sin\theta$ なので、

$$\sin\theta = \frac{y}{l} \quad \cdots (8.4)$$

式 (8.2) より、

$$l = 2f - l\cos\theta \quad \cdots (8.5)$$

式 (8.5) を二乗すると、

$$l^2 = (2f - l\cos\theta)^2 = 4f^2 - 4fl\cos\theta + l^2\cos^2\theta = 4f^2 - 4fl\cos\theta + l^2(1 - \sin^2\theta) \quad \cdots (8.6)$$

式 (8.3)、式 (8.4) を式 (8.6) に代入すると、

$$l^2 = 4f^2 - 4f(f - x) + l^2(1 - \frac{y^2}{l^2}) \quad \cdots (8.7)$$

式 (8.7) を整理すると、

$$l^2 = 4fx + l^2 - y^2$$

よって、

$$y^2 = 4fx \quad \cdots (8.8)$$

式 (8.8) は、$F(f,0)$ を焦点とする放物線を表しています。

●パラボラアンテナのビーム幅

パラボラアンテナの指向特性はペンシルビームで、ビーム幅 θ は、電波の波長を λ〔m〕、開口直径を D〔m〕とすると、近似的に次式で表すことができます。

$$\theta = 70\frac{\lambda}{D} \quad 〔°〕 \quad \cdots (8.9)$$

ビーム幅 θ は、図 8.3 に示すように電界の最大振幅方向から振幅が $1/\sqrt{2}$（電力の場合は）になる方向の角度をいいます。

式 (8.9) は、開口直径 D が大きくなればビーム幅が小さくなり、波長 λ が短くなれば（周波数が高くなれば）指向性が鋭くなることを表しています。

図8.3　パラボラアンテナのビーム幅

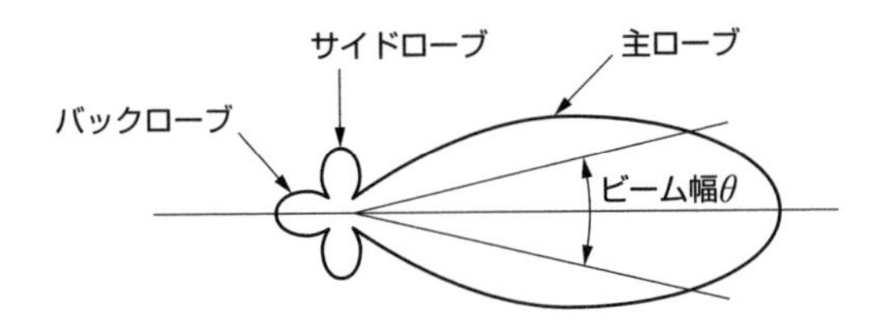

●パラボラアンテナの利得

パラボラアンテナの利得は、**等方性アンテナ**（均一放射体）を基準にした**絶対利得** G_a で表すのが一般的で、電波の波長を λ〔m〕、開口部の面積を S [m²]、開口能率を η とすると、G_a は次式で表されます。

$$G_a = \frac{4\pi S}{\lambda^2}\eta \quad 〔倍〕 \qquad \cdots (8.10)$$

式 (8.10) を〔dB〕表示すると、次のようになります。

$$10\log_{10}\left(\frac{4\pi S}{\lambda^2}\eta\right) \quad 〔dB〕 \qquad \cdots (8.11)$$

式 (8.11) を、開口直径 D〔m〕を使って表すと、$S = \pi\left(\frac{D}{2}\right)^2$ なので、

$\frac{4\pi S}{\lambda^2}\eta = \frac{\pi^2 D^2}{\lambda^2}\eta$ となり、式 (8.11) は次式になります。

$$10\log_{10}\left(\frac{4\pi S}{\lambda^2}\eta\right) = 10\log_{10}\left(\frac{\pi^2 D^2}{\lambda^2}\eta\right) \quad 〔dB〕 \qquad \cdots (8.12)$$

通常、開口効率 η は 0.6 (60%) 程度です。

〔例題〕

3 GHz の電波を使用する開口面積が 13.3 m² のパラボラアンテナの絶対利得は次のようになります。ただし、開口効率は 60 %とします。

〔解答〕

3 GHz の電波の波長 λ〔m〕は、$\lambda = c/f = 3\times10^8/3\times10^9 = 0.1$ m

パラボラアンテナの利得 G は式 (8.11) より、

$$G_a = \frac{4\pi S}{\lambda^2}\eta = \frac{4\times3.14\times13.3}{0.1^2}\times0.6 = \frac{100.23}{0.01} \fallingdotseq 10000 \text{ 倍となります。}$$

G_a を〔dB〕表示すると $10\log_{10}10000 = 10\log_{10}10^4 = 4\times10\log_{10}10 = 40$ dB

オフセットパラボラアンテナ

オフセットパラボラアンテナは、図 8.4 に示すように、パラボラアンテナの回転放物面反射鏡の一部分だけを反射鏡として使用するアンテナで、一次放射器は放物面反射鏡の焦点に設置します。

図8.4 オフセットパラボラアンテナ

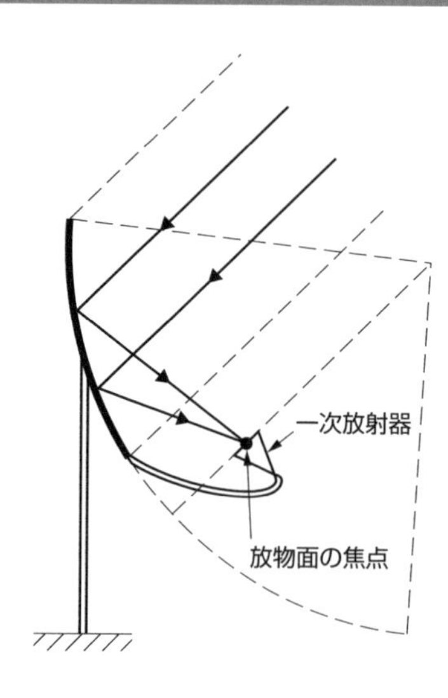

パラボラアンテナは一次放射器が放物面反射鏡の前面に設置されているため電波の一部がブロックされてしまいますが、オフセットパラボラアンテナは、これらの欠点を解消することができます。一次放射器が電波をブロックしないため、「電波の散乱を防止することができ」、「サイドローブも少なくなり」、「アンテナ効率も良くなる」などの特徴があります。図 8.4 や写真 8.1 からも分かるように、パラボラ面を地上とほぼ垂直に設置することができるため、降雪にも強く、家庭向けの衛星放送受信用アンテナの多くはオフセットパラボラアンテナが用いられています。

▼写真 8.1　オフセットパラボラアンテナの設置

補足：衛星放送受信用の一次放射器近くに付いているのは、衛星放送の周波数 12 GHz を 1 GHz の周波数に変換するダウンコンバータです。12 GHz の信号を、そのまま同軸ケーブルでテレビ受像機に入力すると同軸ケーブルが長くなるためケーブルの減衰量が大きくなるため、アンテナの近くで周波数を低くした信号をテレビ受像機に入力します。

8-2 その他の開口面アンテナ

パラボラアンテナは代表的な開口面アンテナですが、進化系として、カセグレンアンテナやグレゴリアンアンテナなどがあります。

カセグレンアンテナ

カセグレンアンテナは、ニュートンが発明した反射望遠鏡の改良型としてカセグレン式反射望遠鏡を製作したフランス人の「カセグレン氏」から命名されています。このカセグレンアンテナは、図 8.5 に示すように**主反射鏡**の中心に一次放射器として**ホーンアンテナ**を置き、一次放射器の前に回転双曲面の**副反射鏡**を置いたアンテナです。副反射鏡の 2 つある焦点の一方を主反射鏡の焦点に一致させ、もう一方の焦点を一次放射器の位相中心と一致するようにしています。

カセグレンアンテナの一次放射器の位置は、パラボラアンテナの一次放射器の位置を比べると、放物面反射鏡に近くなるため**導波管**などの給電線を短くすることができます。そのため、宇宙通信用や衛星通信用の大型アンテナとして多く用いられています。実際のカセグレンアンテナを写真 8.2 に示します。

図8.5 カセグレンアンテナの原理図

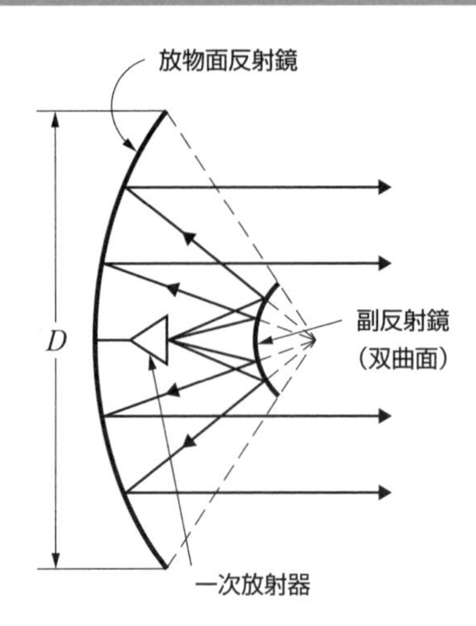

▼写真 8.2　カセグレンアンテナ（小笠原にて）

グレゴリアンアンテナ

グレゴリアンアンテナは、図 8.6 に示すように、一次放射器の前に回転楕円面の副反射鏡を置いたアンテナです。

副反射鏡の 2 つある焦点の一方を主反射鏡の焦点に一致させ、もう一方の焦点を一次放射器の位相中心と一致するようにしています。一次放射器から出た電波を副反射鏡で反射させ、さらに反射波を主反射鏡で反射させて平面波を鋭いビームで放射させます。

図 8.6　グレゴリアンアンテナの原理図

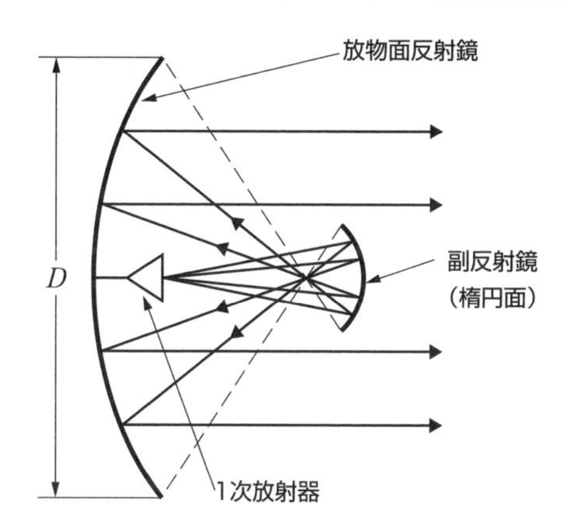

カセグレンアンテナ、グレゴリアンアンテナとも、主反射鏡の開口直径は、使用する電波の波長の 100 倍程度で、絶対利得 50〜70 dB、副反射鏡の大きさは主反射鏡の 10 分 1 程度、開口能率 η は 0.6〜0.8 程度です。

コーナレフレクタアンテナ

コーナレフレクタアンテナは、図 8.7 に示すように、半波長ダイポールアンテナの後側に反射板を設置して、反射板の鏡像効果を利用したアンテナです。

金属の反射板を設置することにより前面に強く電波を放射することができます。そのため、開き角 α を調整することにより、ビーム幅を変化させることができます。山頂など強風が吹く可能性のある場所にコーナレフレクタアンテナを設置する場合、図 8.8 に示すようにダイポールアンテナに平行に 1/10 波長より小さな間隔で導線を設け、すだれ状に構成することにより風の影響を軽減できるアンテナにすることができます。

反射板の大きさは、$l_1 \geq 0.6$ 波長、$l_2 \geq 2S$ 程度とされています。反射板の折り目とダイポールアンテナ間の距離 S の値を大きくすると、利得は増加しますがサイドローブが増えてくるため、S の値は 1/4〜3/4 波長程度が選ばれます。

図8.7　コーナレフレクタアンテナ

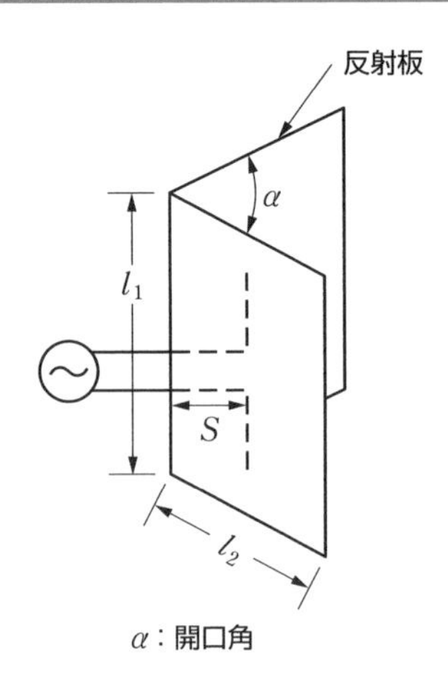

図8.8　グリッド形コーナレフレクタアンテナ

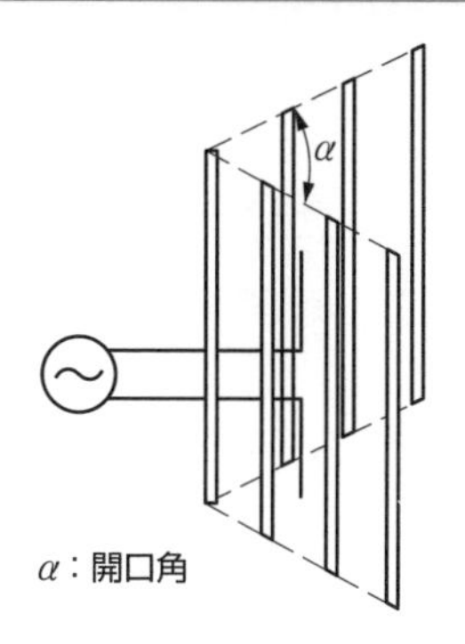

ホーンレフレクタアンテナ

図 8.9 に示すアンテナを**ホーンレフレクタアンテナ**といいます。**電磁ホーン**と**オフセットパラボラアンテナ**を組み合わせたもので、電磁ホーンを回転放物面反射鏡のある場所まで広げた構造です。電磁ホーンから放射された電波は球面波ですが、放物面反射鏡で反射して開口部から放射される電波は平面波となります。なお、開口部以外は閉じられているので、開口部以外から電波の放射はありません。開口部の形によって、**角錐ホーンレフレクタアンテナ**や**円錐ホーンレフレクタアンテナ**などがあります。

サイドローブが少なく、広い周波数特性を有する特徴があります。ホーンの長さが長いため開口部付近のインピーダンスは空気のインピーダンスに近くなるので反射が小さくなります。一昔前までは大容量の公衆通信用として使用されていました。

図8.9　ホーンレフレクタアンテナ

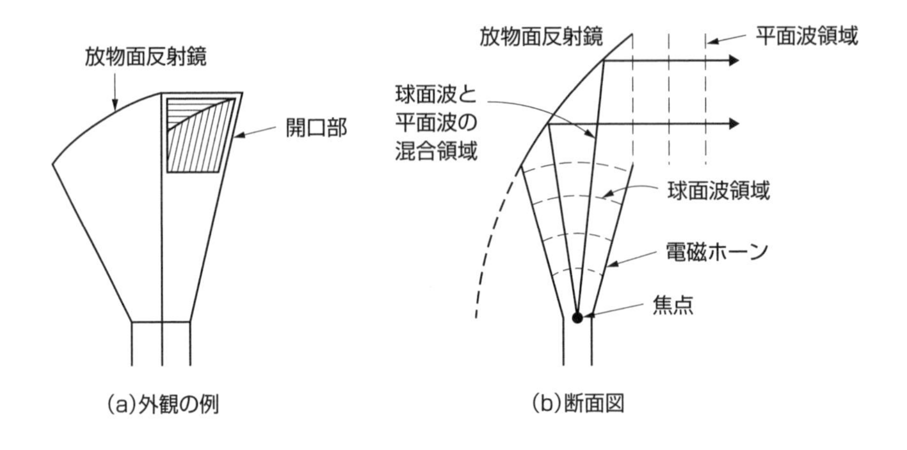

スロットアレーアンテナ

図8.10に示すように**方形導波管**の短辺部分（電界面）に、交互に$\lambda_g/2$（λ_gは管内波長）間隔でスロット（溝）を切ったアンテナをスロットアレーアンテナといいます。スロットは、角度を持たせて交互に切ってあります。導波管の一方からマイクロ波を給電し、伝搬する電波を漏えいさせる構造のアンテナです。

図8.10　スロットアレーアンテナ

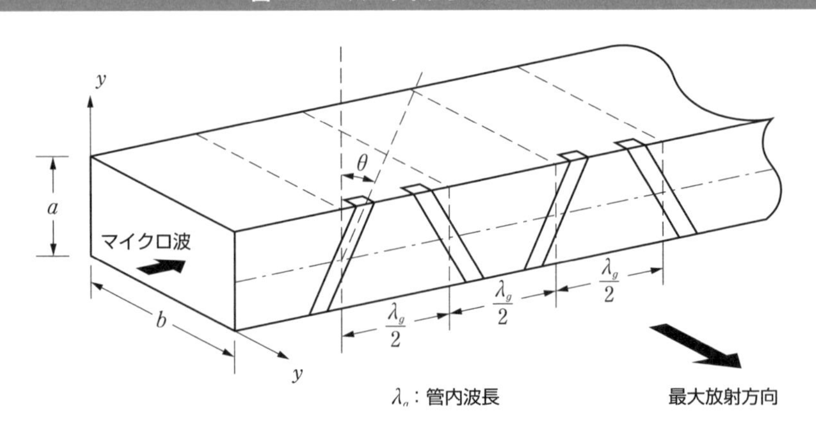

▼写真 8.3 スロットアレーアンテナ

スロットアレーアンテナの動作に関する概要は、次のようになります。

図8.11 スロットアレーアンテナ

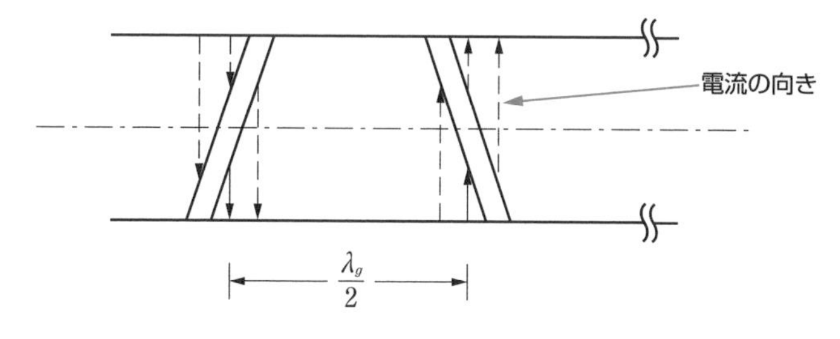

(a)管壁を流れる電流の様子

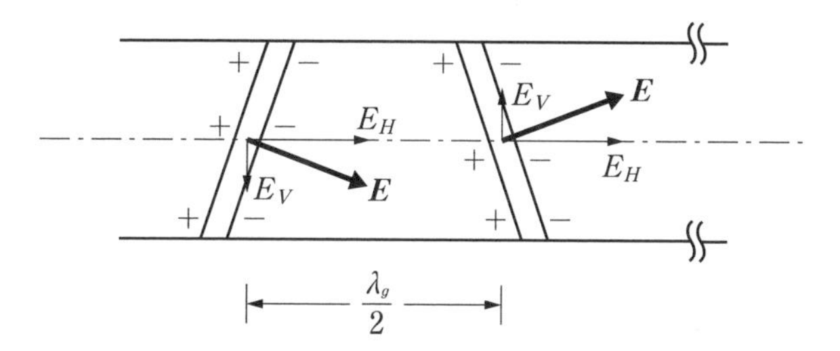

(b)スロット部分の電界の方向

補足：スロットの角度 $\theta = 0$ 度のときは、管壁を流れる電流がスロットを切らないので電波は放射しません。スロットの角度 $\theta = 90$ 度のときは、隣り合うスロットからの電界は逆方向になります。通常 $\theta \leq 15$ 度程度で用いられています。

図8.11 (a) は、方形導波管の一方からマイクロ波を給電した場合、スロット部分に流れる電流の様子を示したものです。$\lambda_g/2$ おきに電流の向きが逆に変化します。

図8.11 (b) は、$\lambda_g/2$ 間隔で切られたスロットに生じる電界の様子を示したものです。

電界 E は、水平方向の電界成分 E_H と垂直方向の電界成分 E_V に分解することができ、垂直方向の電界成分 E_V は互いに逆方向になり相殺されます。水平方向の電界成分 E_H は、同位相になるため強められて、水平偏波の電波となり放射されます。

水平方向の指向特性は、スロット数が多くなればなるほど鋭くなり、狭いビーム幅が得られます。垂直方向の指向特性は、水平方向と比べ広くなります。

実際のスロットアレーアンテナのビーム幅は、水平方向が1度程度、垂直方向が10〜20数度程度となり、耐風圧性もあるため船舶用のレーダーアンテナなどに適しています。

フェーズドアレーアンテナ

レーダー用アンテナとしてスロットアレーアンテナを使う場合は、機械的に回転させる必要があります。

アンテナを機械的に回転させる場合、回転速度に限度があり回転機構部分の保守も必要となります。そこで、機械的な回転部を使わず、「電子的に電波のビームを高速で変える」ことができるアンテナが「**フェーズドアレーアンテナ**」です。整然と並べられた多数のアンテナからの電波を任意の方向で重なり合うように位相を調整することにより鋭い指向特性を持たせたアンテナです。

フェーズドアレーアンテナは、機械的な回転部が無いため高速飛翔体などを監視する必要のあるイージス艦のレーダー用アンテナなどで使われています。

第9章

平面アンテナ

スマホや無線LANルーター、GPSなど小型の通信機器、電子機器の急速な発達により、小型かつ平面的なアンテナの必要性が増加して様々な平面アンテナが使われるようになっています。本章では、アンテナの低姿勢化の方法、逆F形アンテナ、マイクロストリップアンテナ、パッチアンテナなどの構成と動作原理について解説し、スマートフォンのアンテナの現状と将来にも言及します。

9-1

アンテナの低姿勢化

スマホなどの小型通信機器に内蔵するアンテナ（垂直接地アンテナ）は、小型化が望まれます。ここでは、アンテナを低姿勢化するための方法について考えます。

逆Lアンテナ

図 9.1 に示す 1/4 波長モノポールアンテナ（垂直接地アンテナ）は、背が高く、電車の屋根に設置するには、架線などがあるため不適当です。

図9.1　1/4波長モノポールアンテナ

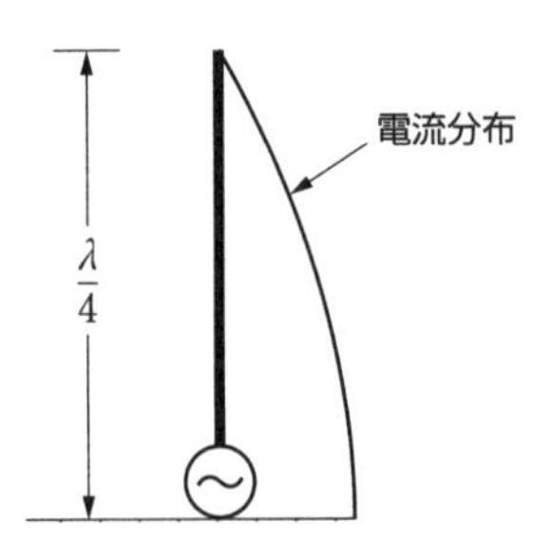

しかし、図 9.2 に示すようにアンテナの先端部分を折り曲げて使用すれば、アンテナの姿勢を低くすることができます。このようなアンテナを**逆 L 形アンテナ**といいます。

例えば、3〜30 MHz の短波帯のいちばん低い周波数である 3 MHz の波長は、100 m であり 1/4 波長モノポールアンテナを使用しても、その長さは 25 m にもなります。しかし、逆 L 形アンテナとして使用すると高さを低く抑えてアンテナを展張することができます。

逆 L 形アンテナは簡単に構成できるため、中波用のアンテナとして船舶などで使用されていました。

逆 L 形アンテナの地面に平行となる部分は、電波の放射には寄与しないので放射抵抗は 1/4 波長モノポールアンテナと比べ小さくなります。

図9.2　逆L形アンテナ

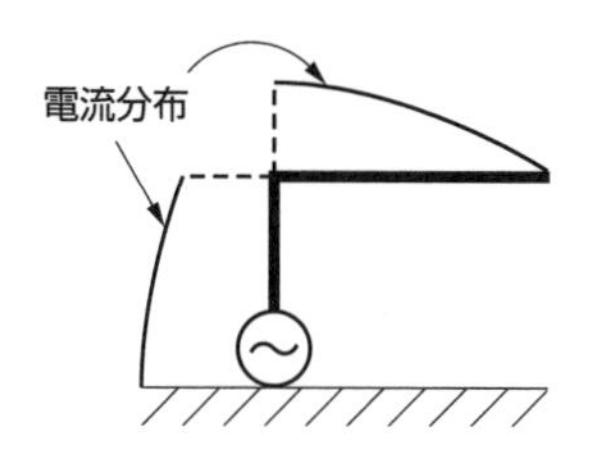

COLUMN 逆L形アンテナの実効高

図 9.1 の 1/4 波長モノポールアンテナを図 9.3 (a) のように中間 (1/8 波長) の位置で折り曲げた場合の実効高はどの位になるか考えます。

図9.3　1/4波長モノポールアンテナの中間を折り曲げたアンテナ

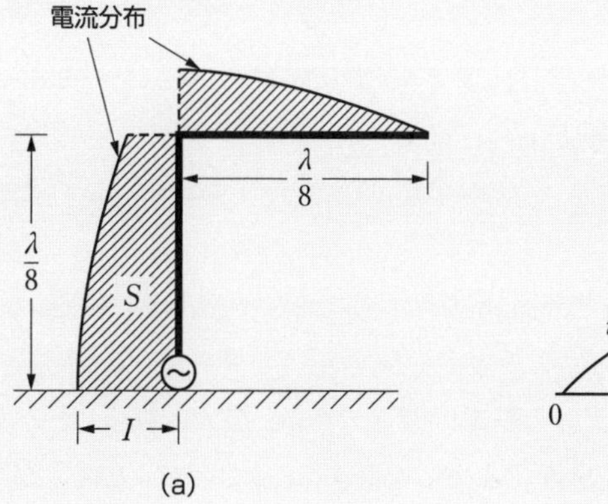

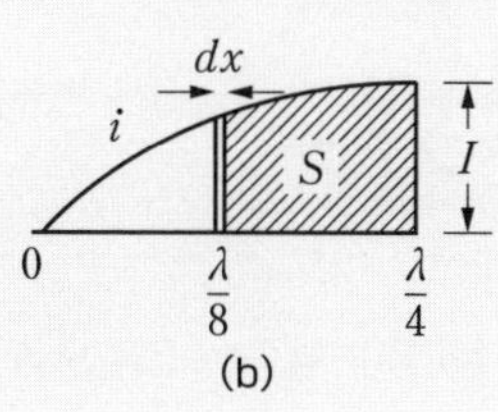

半波長ダイポールアンテナの実効長 h_e は、$h_e = \lambda/\pi$〔m〕になります。1/4 波長モノポールアンテナの長さは、半波長ダイポールアンテナの半分ですので、その実効高 h_e は、次式になるのは明らかです。

$$h_e = \frac{\lambda}{2\pi} \quad \text{〔m〕} \qquad \cdots (9.1)$$

図 9.3 (a) の垂直部の電流分布の面積 S はダイポールアンテナの場合と同様、次のように計算できます。ただし、基底部分の電流を I〔A〕とします。

図 9.3 (a) の電流分布の部分は図 9.3 (b) のように考えると、垂直部の電流分布の面積 S は、次のようになります。

$$S=\int_{\frac{\lambda}{8}}^{\frac{\lambda}{4}} i dx=\int_{\frac{\lambda}{8}}^{\frac{\lambda}{4}} I\sin(\frac{2\pi x}{\lambda})dx=I\left[-\frac{\lambda}{2\pi}\cos(\frac{2\pi x}{\lambda})\right]_{\frac{\lambda}{8}}^{\frac{\lambda}{4}}=I\left\{\left(-\frac{\lambda}{2\pi}\cos\frac{\pi}{2}\right)-\left(-\frac{\lambda}{2\pi}\cos\frac{\pi}{4}\right)\right\}$$

$$=\frac{I\lambda}{2\sqrt{2}\pi}$$

図 9.3 (a) の実効高を h_e'〔m〕とすると、面積 S が Ih_e' に等しくなり、$\frac{I\lambda}{2\sqrt{2}\pi}=Ih_e'$ から実効高 h_e' は次のようになります。

$$h_e'=\frac{\lambda}{2\sqrt{2}\pi} \quad 〔\mathrm{m}〕 \qquad \cdots (9.2)$$

例えば、150 MHz の電波を使用する場合の 1/4 波長モノポールアンテナの実効高 h_e〔m〕と中間を折り曲げた逆 L 形アンテナの実効高 h_e'〔m〕は、次のように計算できます。

150〔MHz〕の電波の波長を λ は、$\lambda=\frac{3\times10^8}{150\times10^6}=\frac{300}{150}=2\ \mathrm{m}$

したがって、1/4 波長モノポールアンテナの高さは 0.5〔m〕になります。

実効高 h_e は式 (9.1) より、

$$h_e=\frac{\lambda}{2\pi}=\frac{2}{2\pi}=0.318\ \mathrm{m} \qquad \cdots (9.3)$$

中間 (1/8 波長) 部分を折り曲げた逆 L 形アンテナの実効高 h_e'〔m〕は式 (9.2) より、

$$h_e'=\frac{\lambda}{2\sqrt{2}\pi}=\frac{2}{2\sqrt{2}\pi}=0.225\ \mathrm{m} \qquad \cdots (9.4)$$

逆F形アンテナ

1/4 波長モノポールアンテナの基部の電流分布は、最大になり、その点の電圧は、最小 (ゼロ) になるので図 9.4 のように短絡することができ、加える高周波電源を右側にずらすことにより整合させることができます。このアンテナを**逆 F 形アンテナ**といいます。

図9.4　逆F形アンテナ

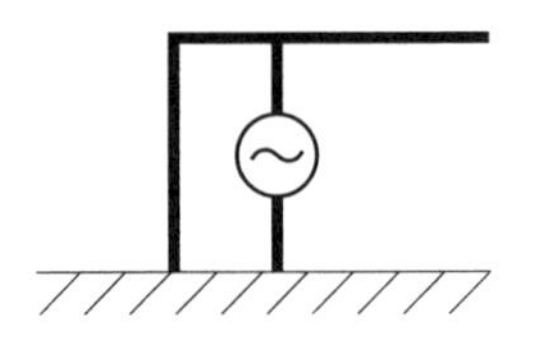

逆 F 形アンテナを広帯域のアンテナにするには、図 9.5 に示すように線状アンテナ素子の代わりに、幅の広い金属板を使用することで実現できます。

図9.5　広帯域化した逆F形アンテナ

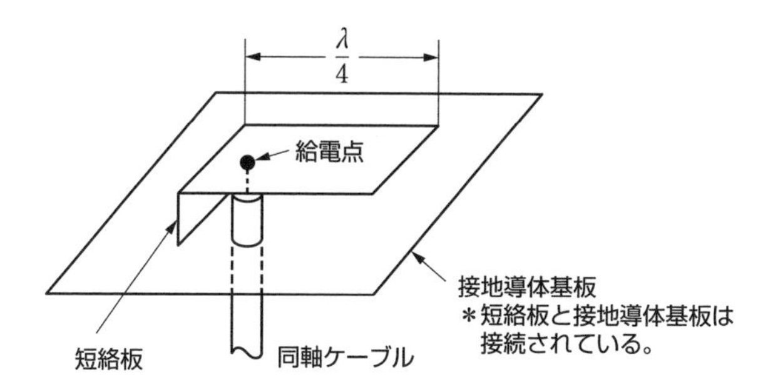

図 9.5 のアンテナをさらに小型にするには、図 9.6 に示すように短絡板の一部を除いて取り去ることでインダクタンスの値を増やし、金属の先端を折り曲げることでキャパシタンスの値を増やすことで実現できます。

図9.6　逆F形アンテナの小型化

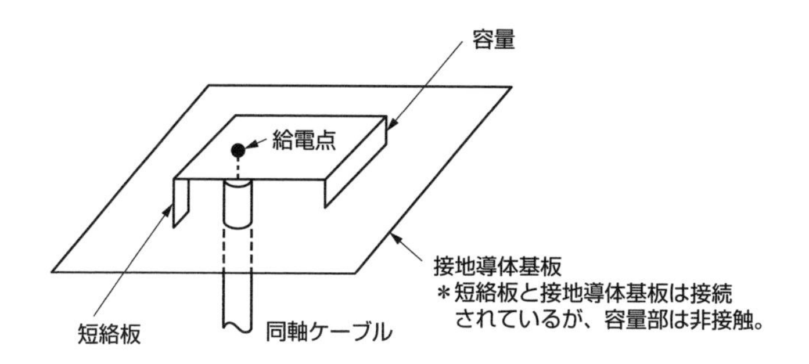

マイクロストリップ線路

図 9.7 に示すような間隔が $2d$〔m〕の平行二線式の伝送線路があるとします。図 9.8 に示すように線路 A から d〔m〕の位置に金属の地板を挿入すると、線路 B が無くても影像現象により線路 B' があるものとみなすことができます。

図 9.9 に示すように、厚さが d〔m〕の比誘電率が ε_s の誘電体基板に銅箔などで接地導体基板を取り付け、やはり銅箔などで**マイクロストリップ線路**（細い帯状の線路）を作成すれば、図 9.9 は図 9.8 と等価になります。

図9.7　平行二線式線路

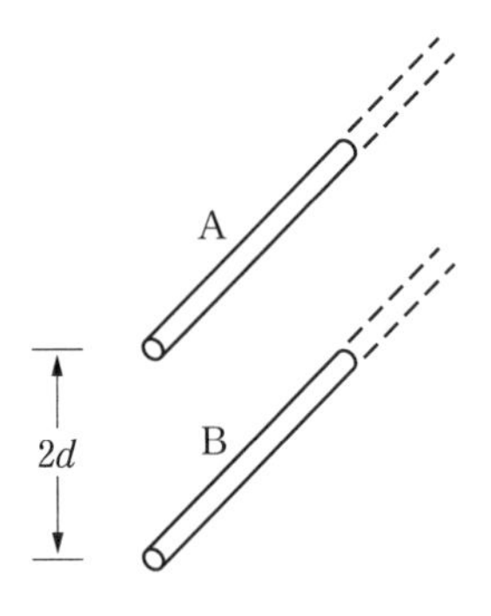

図9.8　地板を挿入した線路

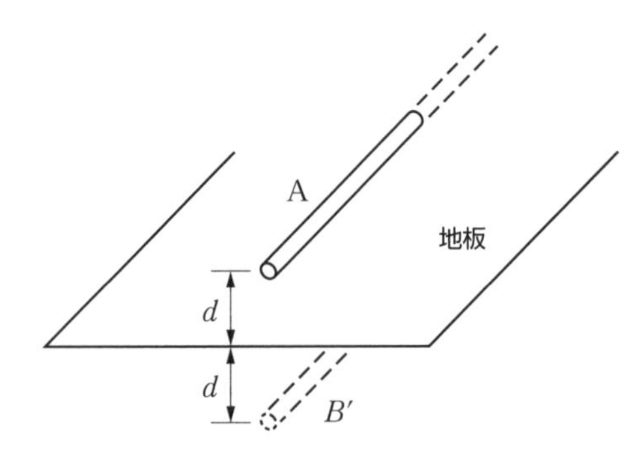

図9.9　マイクロストリップ線路

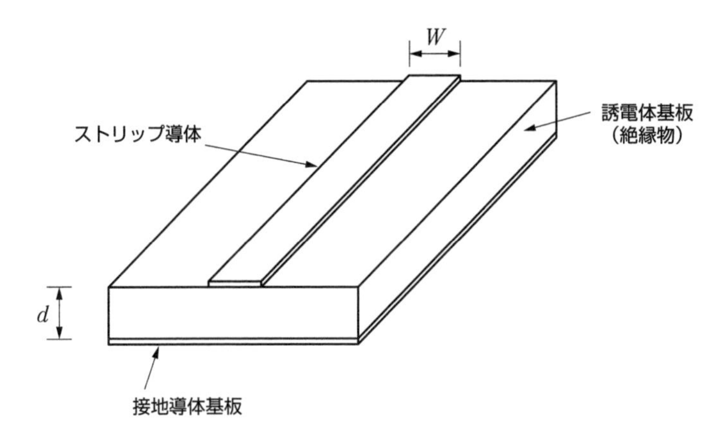

マイクロストリップ線路は、開放線路で、放射損や外部雑音の影響を受け易い線路です。放射損を少なくするために、比誘電率の大きな誘電体基板を使用します。

マイクロストリップ線路の特性インピーダンスは、ストリップ導体の幅 W が短いほど大きくなります。

マイクロストリップアンテナ

図 9.10 に示すようにマイクロストリップの長さを 1/2 波長にしたのがマイクロストリップアンテナです。1/2 波長ダイポールアンテナの電流分布は、図 9.11 に示すようにアンテナの先端でゼロ、中央部で最大になります。電圧分布はアンテナの先端部で最大、中央部でゼロになります。

図9.10 1/2波長マイクロストリップアンテナ

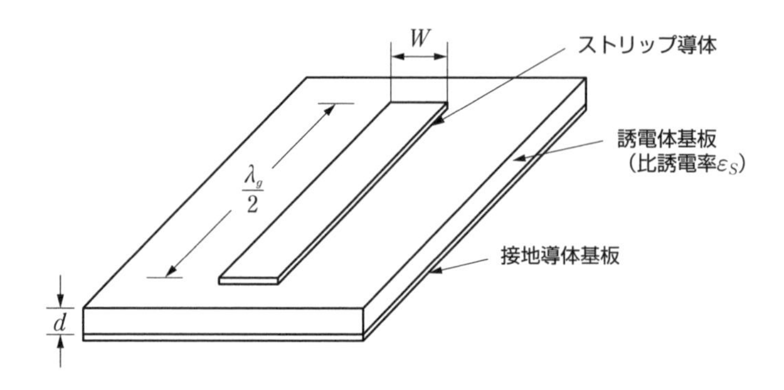

図9.11 ダイポールアンテナの電流分布と電圧分布

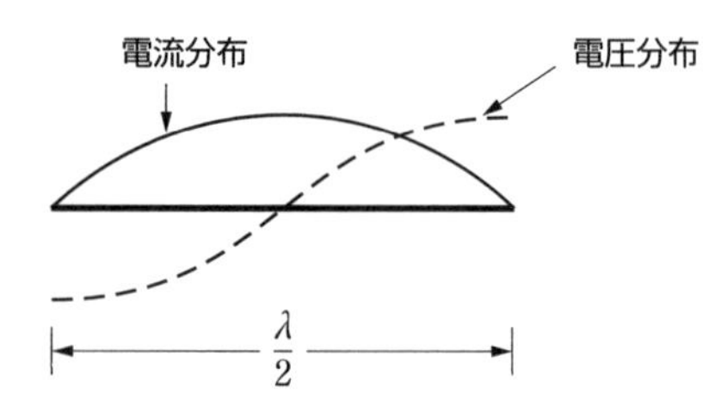

マイクロストリップアンテナは、影像(イメージ)を考慮すると、図9.12に示すように接地導体基板をストリップ導体が対称にあると考えることができます。ストリップ導体上に流れる電流 I とイメージ電流 I は逆方向に流れ、図で示す方向に電界 E が生じます。

マイクロストリップアンテナの長さは、誘電体内の波長 λ_g の半分の $\lambda_g/2$ になり、自由空間における波長を λ、誘電体基板の比誘電率を ε_s とすると、λ_g は次のようになります。

$$\lambda_g = \frac{\lambda}{\sqrt{\varepsilon_s}} \qquad \cdots (9.5)$$

図9.12 1/2波長マイクロストリップアンテナの電界

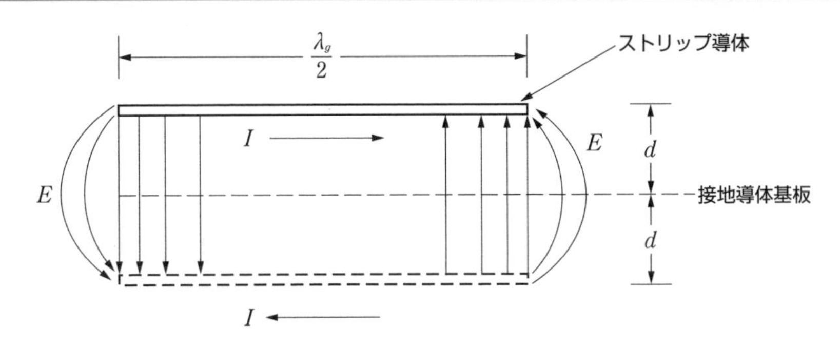

パッチアンテナ

図 9.10 のマイクロストリップアンテナを広帯域にするために、図 9.13 のようにストリップ導体を広くしたものが**方形パッチアンテナ**です。

図9.13 方形パッチアンテナ

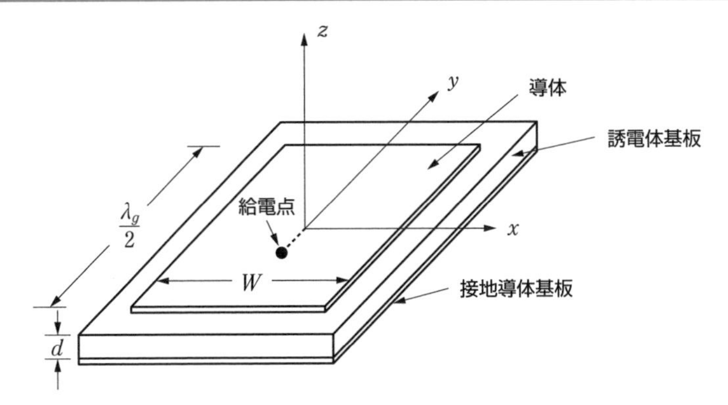

パッチ※アンテナのインピーダンスは、給電点の位置により変化します。給電点は、幅 W の中央、アンテナの長さ方向に対しては中心からずれた場所にします。幅 W、誘電体基板の厚さ d が増すと広帯域になります。

図 9.13 の $\lambda_g/2$ の方形パッチアンテナの指向性は概ね図 9.14 のようになります。

これは、1 波長ループアンテナの指向性と同じになります。

※パッチ (patch)：パッチは衣類などのつぎはぎ、あて板、傷に貼る布切れなどの意味がある。

図9.14　方形パッチアンテナの指向性

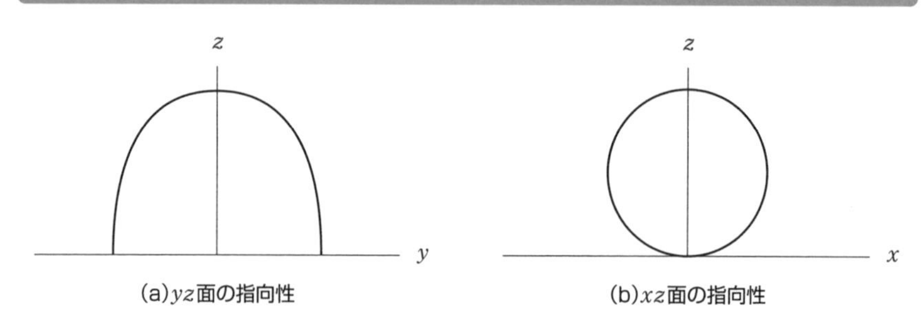

(a)yz面の指向性　　(b)xz面の指向性

GPSなど人工衛星を使用する通信は、円偏波が用いられているので、パッチアンテナも、それに対応する必要があります。方形パッチアンテナを用いて円偏波とする1つの方法は、図9.15に示すように2か所の給電点にハイブリッド回路を接続して90度の位相差を与えれば実現できます。

図9.15　2点給電による円偏波の発生法

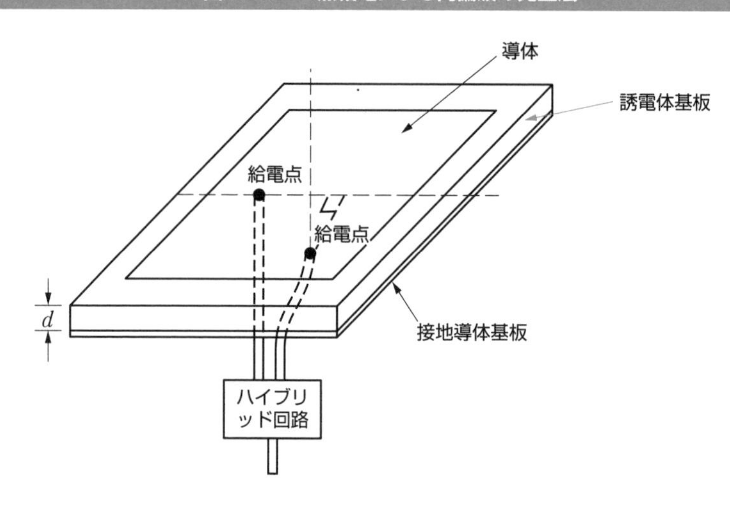

9-2

携帯電話のアンテナ

携帯電話は約10年毎に進化し、それに伴いアンテナも急速に進化しています。スマホで高速伝送するための１つの方法として複数のアンテナが実装されています。

携帯電話の通信速度の変遷

我が国の携帯電話は、表 9.1 に示すように約 10 年ごとに世代交代が行われています。

表 9.1 で分かるように携帯電話の通信速度は、世代が進むにつれて速くなっています。通信速度の高速化にアンテナはどのように寄与しているのでしょうか？

2023 年現在、最も新しい携帯電話の方式は「**5G**」です。その特徴は、「大容量で超高速伝送」「超低遅延」「多数同時接続」です。

超高速伝送を行うのに必要なことは、「周波数の幅を増やす」ことです。情報を伝送するには、一定の周波数の幅が必要です。周波数の低い（波長の長い）電波は建物の陰にも伝わりますが、「伝送できる情報は少なく」なります。一方、周波数の高い（波長の短い）電波は直進性が強く建物の陰には伝わりにくくなりますが、周波数の幅を広く確保できるので画像や動画など「情報量の多い信号を伝送する」ことができます。スマホを高速で情報の送受信を行わせるには、広い周波数の幅を必要とし、おのずから波長の短いセンチ波やミリ波の電波を使うことになります。

また、「アンテナの数を増やす」ことも超高速伝送には重要で、アンテナ技術の工夫は欠かせません。周波数の高い電波は波長が短くなり、アンテナを小さくできるため、複数のアンテナを装備することが容易になります。

表9.1 携帯電話の世代の変化

世代	年代	通信速度	多元接続（無線アクセス）	特徴（変調方式など）
第1世代（1G）	1980年	10Kbps	FDMA	アナログ方式で音声通話（FM）のみ
第2世代（2G）	1990年	100Kbps	TDMA	デジタル方式でメールが始まる カメラ付き携帯電話の登場 PDC（π/4DQPSK）、欧州などではGSM（GMSK）
第3世代（3G）	2000年	10Mbps	CDMA 3.9G（LTE）は OFDMA（下り） SC-FDMA（上り）	世界共通のデジタル方式でインターネット閲覧。 3G（QPSK）、3.5G（16QAM） 3.9G（64QAM）
第4世代（4G）	2010年	1Gbps	OFDMA SC-FDMA	LTE-Advanced方式で高精細動画（256QAM）
第5世代（5G）	2020年	10Gbps	OFDMA	e LTE。大容量で超高速、超低遅延、多数同時接続

FDMA（Frequency Division Multiple Access）：周波数分割多元接続はある周波数帯域を一定の周波数間隔で分割して複数のチャネルを作り、そのチャネルをユーザーに割り当てる方式
TDMA（Time Division Multiple Access）：時分割多元接続はある周波数帯域を一定の時間幅で分割して複数のチャネルを作り、そのチャネルをユーザーに割り当てる方式
CDMA（Code Division Multiple Access）：符号分割多元接続はある周波数帯域を異なる符号で分割し複数のチャネルを作りユーザーに割り当てる方式
OFDMA（Orthogonal Frequency Division Multiple Access）：直交周波数分割多元接続は周波数と時間を分割したリソースブロックをユーザーに割り当てる方式
SC-FDMA（Single Carrier-FDMA）：シングルキャリアはピーク時の電力が高くならないのでバッテリ駆動の端末側で使われる。
PDC（Personal Digital Cellular）：日本独自の携帯電話の方式
GSM（Global System for Mobile communications）：欧州の携帯電話の方式
LTE（Long Term Evolution）：第3.9世代の携帯電話の方式
eLTE（enhanced Long Term Evolution）：LTEを進化させた高度化LTE
GMSK（Gaussian Minimum Shift Keying）：ガウス特性低域フィルタで帯域制限したFSK
QPSK（Quadrature Phase Shift Keying）：4値位相変調
π/4DQPSK：QPSKの位相をπ/4ずらして振幅変動を小さくした変調方式
QAM（Quadrature Amplitude Modulation：位相と振幅を同時に変化させて高速化した変調方式。64QAMは同時に6ビット、256QAMは同時に8ビットの情報を送信できる。

高速伝送が可能なアンテナMIMO

スマホで超高速伝送を実現するに、広い周波数帯域が必要になります。

例えば、10 Gbpsの通信速度を実現するには、数百MHz程度の周波数帯域が必要になります。そのためには、3.7 GHz帯、4.5 GHz帯、28 GHz帯のような周波数の高い電波を使い、周波数の帯域幅は、4Gの最大20 MHzに対し、5Gでは100～400 MHzと広くなっています。

また、アンテナ技術の工夫も高速化には欠かせません。周波数の高い電波の波長は短くなり、アンテナを小さくできるため容易に複数のアンテナを実装することができます。

基地局とスマホの双方に、複数のアンテナを使用して伝送する技術を**MIMO**（Multiple Input Multiple Output）といい、これで通信速度を上げることができます。図9.16のような送信用アンテナ2本、受信用アンテナ2本のMIMOを考えます。

図9.16　送信アンテナ2本、受信アンテナ2本のMIMO

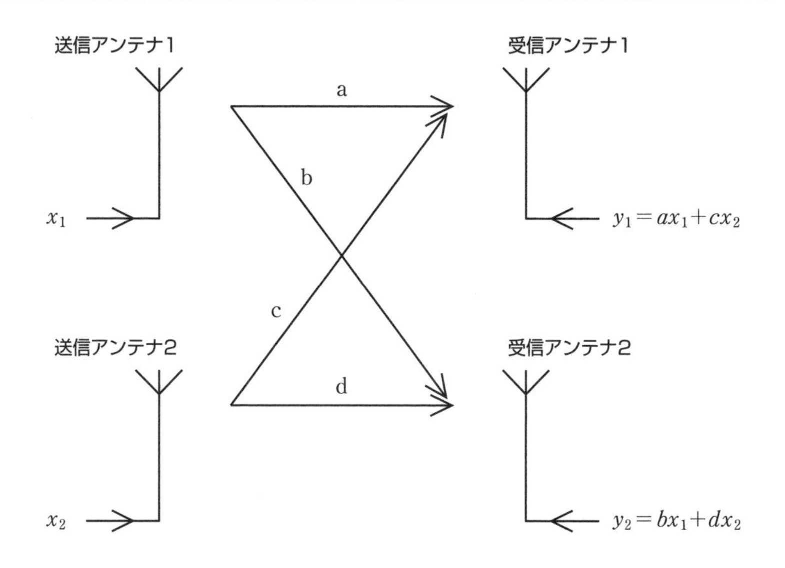

同じ周波数で送信アンテナ 1 から信号 x_1、送信アンテナ 2 から信号 x_2 を送信するとします。受信アンテナ 1 と受信アンテナ 2 それぞれで信号 x_1 と信号 x_2 を受信します。送信アンテナ 1 と受信アンテナ 1 の間の電波の伝搬特性を a、送信アンテナ 1 と受信アンテナ 2 の間の電波の伝搬特性を b、送信アンテナ 2 と受信アンテナ 1 の間の電波の伝搬特性を c、送信アンテナ 2 と受信アンテナ 2 の間の電波の伝搬特性を d とすると、受信アンテナ 1 の受信信号 y_1 と受信アンテナ 2 の受信信号 y_2 は次式で表すことができます。

$$y_1 = ax_1 + cx_2 \quad \cdots (9.6)$$

$$y_2 = bx_1 + dx_2 \quad \cdots (9.7)$$

電波の伝搬特性 a〜d が分かれば、式 (9.6) と式 (9.7) から送信信号 x_1 と x_2 を求めることができます。このように、送信アンテナ 2 本と受信アンテナ 2 本を使用して信号を伝送すると、通信速度を 2 倍にすることができ、さらに、送信用アンテナと受信用アンテナの本数を増やすことにより通信速度を速くできます。

また、送信側の多数のアンテナから発射される電波の位相を制御することにより鋭い指向性を持つ電波をユーザーのスマホに向けて放射することもできるため、減衰の大きな周波数の高い電波でも通信距離を長くすることができます。

ここで紹介したのは、送信アンテナ 2 本と受信アンテナ 2 本の MIMO ですが、多数のアンテナを配列した MIMO を **Massive MIMO** といい、指向性の強いビームを生成することが可能で、電波の伝わりにくい場所にある端末にも電波を届けることができるようになります。

5Gの特徴

「**超低遅延**」は、ロボットや農業機械などの遠隔制御、遠隔医療をはじめ自動運転などに必要不可欠です。低遅延を実現する方法の1つに、**エッジコンピューティング**の導入があります。エッジコンピューティングは携帯事業者のサーバーと端末との物理的距離を短くするものです。

〔多数同時接続するには〕

5Gでは基地局と端末間の通信をシンプルにする（グラントフリー方式）ことにより、同時接続数を4Gの10倍の100万デバイス/km^2にしています。

6Gのアンテナ

携帯電話は5Gから「**6G**」へと進化するにつれて、ミリ波などの高周波数の電波を使うようになります。周波数が高くなると波長は短くなるためアンテナの寸法を小さく作ることができますが、一方で周波数の高い電波は、減衰が激しくなるため、その対策を工夫する必要があります。

そこで、ビルの壁面など、あらゆる場所にアンテナを分散配置することにより、異なる場所から指向性の強い電波を発射することが可能になり、電波の弱い場所や届きにくい場所にある端末にも電波が届きやすくなります。

NOTE

第10章

アンテナの利得の表し方

アンテナの利得は、アンテナの性能を表す1つの指標で、目的の方向にどのくらい電波を集中して送信できるか、また、受信できるかを表したもので、通常はdB（デシベル）で表します。アンテナの利得には、半波長ダイポールアンテナを基準にした相対利得G_r（relative gain）と仮想の等方性アンテナを基準にした絶対利得G_a（absolute gain）があり、$G_a = G_r + 2.15$〔dB〕の関係があります。

10-1

アンテナの利得

高利得のアンテナで送信する場合と低利得のアンテナで送信する場合を比較すると、明らかに高利得のアンテナの場合が遠くまで電波を伝送することができます。

アンテナ利得の計算方法

アンテナの利得 G は図 10.1 に示すように、基準アンテナに電力 P_0〔W〕を入力したときに距離 d〔m〕の地点における電界強度を E_0〔V/m〕とし、任意のアンテナで距離 d〔m〕の地点における電界強度を E_0〔V/m〕とするために必要な電力を P〔W〕とすると、次式で求めることができます。

$$G = \frac{P_0}{P} \quad \cdots (10.1)$$

式 (10.1) を dB 表示すると、次式になります。

$$10\log_{10}\frac{P_0}{P} \quad \text{〔dB〕} \quad \cdots (10.2)$$

図 10.1　アンテナの利得の測定 1

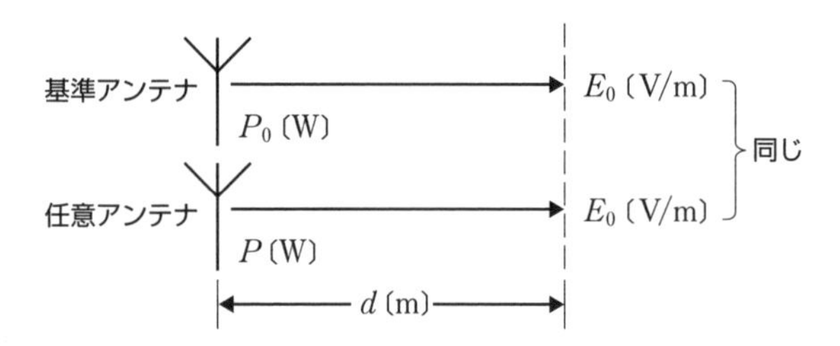

アンテナの利得 G は、電界強度を測定することにより、次のように求めることもできます。図 10.2 に示すように基準アンテナと任意のアンテナに同じ電力を加えて送信したとき、最大放射方向で同じ距離 d〔m〕の地点における電界強度を比較します。

図 10.2　アンテナの利得の測定 2

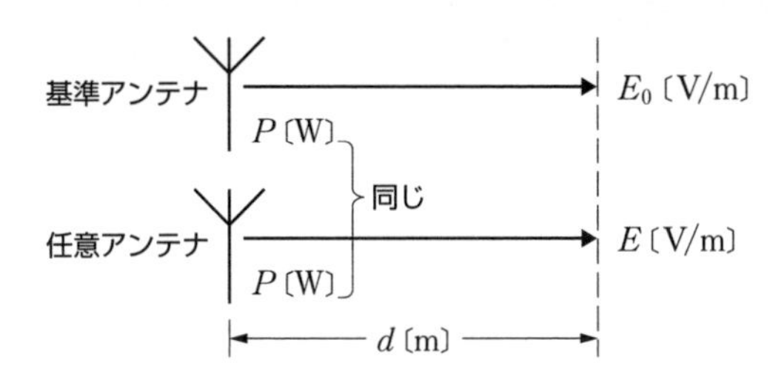

基準アンテナで送信したときの電界強度を E_0〔V/m〕、任意のアンテナで送信したとき電界強度を E〔V/m〕とすると、G は次式で求めることができます。

$$G = \left(\frac{E}{E_0}\right)^2 \qquad \cdots (10.3)$$

式 (10.3) を dB 表示すると、次式になります。

$$10\log_{10}\left(\frac{E}{E_0}\right)^2 = 20\log_{10}\frac{E}{E_0} \text{〔dB〕} \qquad \cdots (10.4)$$

図 10.3　G_r と G_a の関係

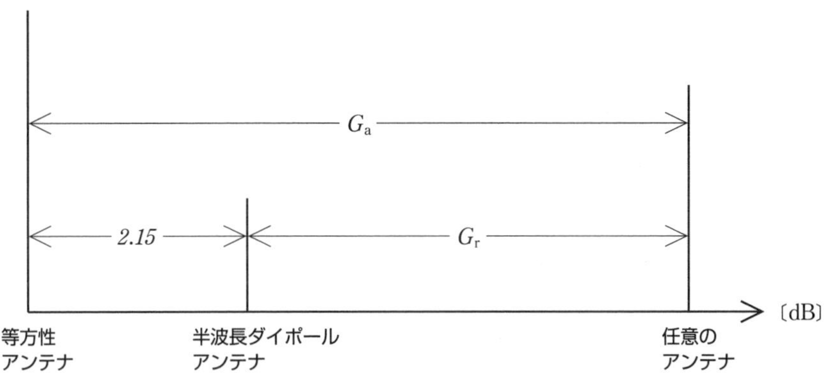

補足：基準に半波長ダイポールアンテナを使用した利得を相対利得 G_r、基準に等方性アンテナを基準にした利得を絶対利得 G_a といいます。G_r と G_a は図 10.3 に示す関係にあり次式で表せます。

$$G_a = G_r + 2.15 \text{　〔dB〕} \qquad \cdots (10.5)$$

10-2

各アンテナの利得の比較

ここでは、等方性アンテナやヘルツダイポールアンテナ、半波長ダイポールアンテナ相互の利得関係とdB計算について説明をします。

等方向性アンテナの自由空間における電界強度

利得1の仮想の均一放射体である等方向性アンテナから P〔W〕の電力を放射したとき、距離 d〔m〕の地点における電力密度を p〔W/m²〕とすると、図10.4に示す半径 d〔m〕の球の表面積は $4\pi d^2$〔m²〕なので、p は次式で表すことができます。

$$p = \frac{P}{4\pi d^2} \quad \text{〔W/m}^2\text{〕} \qquad \cdots (10.6)$$

図10.4　電力密度

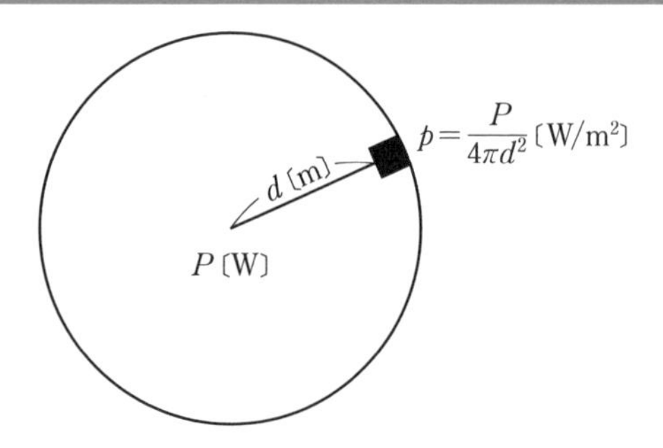

一方、電波の伝搬方向に直角な単位面積を通して流れる電磁エネルギーを W〔W/m²〕とすると、Wは、次式で表すことができます。ただし、Eは電界強度〔V/m〕、Hは磁界強度〔A/m〕です。

$$W = EH = E \times \frac{E}{120\pi} = \frac{E^2}{120\pi} \quad \text{〔W/m}^2\text{〕} \qquad \cdots (10.7)$$

式(10.6)と式(10.7)が等しいので、次式が成立します。

$$\frac{P}{4\pi d^2} = \frac{E^2}{120\pi} \qquad \cdots (10.8)$$

式 (10.8) より $4\pi d^2E^2 = 120\pi P$、すなわち、$d^2E^2 = 30P$ となります。

これより、電界強度を求めると次式になります。

$$E = \frac{\sqrt{30P}}{d} \quad \text{〔V/m〕} \qquad \cdots (10.9)$$

補足：アンテナの利得が G のとき、等方向性アンテナを基準とした自由空間における電界強度は、$E = \dfrac{\sqrt{30GP}}{d}$〔V/m〕です。

アンテナの利得の比較

アンテナの利得の比較をするために、等方向性アンテナの自由空間における電界強度を求める式 (10.9) の $E = \dfrac{\sqrt{30P}}{d}$、ヘルツダイポールアンテナの自由空間における電界強度を求める式 (4.7) の $E = \dfrac{\sqrt{45P}}{d}$、半波長ダイポールアンテナの自由空間における電界強度を求める式 (4.12) の $E = \dfrac{\sqrt{49.2P}}{d}$ の 3 つの式を使います。

(1)　等方向性アンテナを基準としたヘルツダイポールアンテナの絶対利得 G_a の計算は、式 (10.3) より次のようになります。

$$G_a = \left(\frac{\sqrt{45P}}{d}\right)^2 \Big/ \left(\frac{\sqrt{30P}}{d}\right)^2 = 45/30 = 1.50 \qquad \cdots (10.10)$$

式 (10.10) を dB 表示すると、

$$10\log_{10} 1.5 \fallingdotseq 1.76 \ \text{dB} \qquad \cdots (10.11)$$

となります。

(2)　等方向性アンテナを基準とした半波長ダイポールアンテナの絶対利得 G_a の計算は、式 (10.3) より次のようになります。

$$G_a = \left(\frac{\sqrt{49.2P}}{d}\right)^2 \Big/ \left(\frac{\sqrt{30P}}{d}\right)^2 = 49.2/30 = 1.64 \qquad \cdots (10.12)$$

式（10.7）を dB 表示すると、

$$10\log_{10}1.64 \fallingdotseq 2.15\ \text{dB} \quad \cdots (10.13)$$

となります。

（3）　半波長ダイポールアンテナを基準としたヘルツダイポールアンテナの相対利得 G_r の計算は、式（10.3）より次のようになります。

$$G_r = \left(\frac{\sqrt{45P}}{d}\right)^2 \bigg/ \left(\frac{\sqrt{49.2P}}{d}\right)^2 = 45/49.2 \fallingdotseq 0.915 \quad \cdots (10.14)$$

式（10.14）を dB 表示すると、

$$10\log_{10}0.915 = -0.386\ \text{dB} \quad \cdots (10.15)$$

となります。

（4）　半波長ダイポールアンテナを基準とした「等方性アンテナ」の相対利得 G_r の計算は、式（10.3）より次のようになります。

$$G_r = \left(\frac{\sqrt{30P}}{d}\right)^2 \bigg/ \left(\frac{\sqrt{49.2P}}{d}\right)^2 = 30/49.2 \fallingdotseq 0.610 \quad \cdots (10.16)$$

式（10.16）を dB 表示すると、

$$10\log_{10}0.61 \fallingdotseq -2.15\ \text{dB} \quad \cdots (10.17)$$

となります。

ここまでの計算結果をまとめると、表 10.1 になります。

表10.1　各アンテナ間の利得関係

	絶対利得 G_a		相対利得 G_r	
	倍	dB	倍	dB
等方性アンテナ	1	0	0.610	-2.15
ヘルツダイポールアンテナ	1.50	1.76	0.915	-0.386
半波長ダイポートアンテナ	1.64	2.15	1	0

補足：絶対利得 G_a と相対利得 G_r の関係は、$G_a = 1.64G_r$ または $G_a = G_r + 2.15$〔dB〕です。

●【例】基準アンテナであるダイポールアンテナに、16 W を入力したとき送信点から d〔m〕離れた地点における電界強度が E_0〔V/m〕であった。

同じ送信点で八木アンテナに取り換えて 4 W の電力で送信したとき、d〔m〕離れた地点における電界強度が E_0〔V/m〕であったとすると、この八木アンテナの利得 G は、式（10.1）より次のようになります。

$$G = \frac{P_0}{P} = \frac{16}{4} = 4$$

dB 表示すると、$10\log_{10}4 = 10\log_{10}2^2 = 20\log_{10}2 = 20 \times 0.3 = 6$ dB です。

dBについて

電波や通信の分野においては、扱う信号の強度は百万倍以上になることもありますが、〔dB〕を使えば百万倍以上の差がある信号を 2 桁程度で表すことができます。

図 10.3 に示す増幅器において、基準になる入力電圧を V_1〔V〕、入力電流を I_1〔A〕、対象となる出力電圧を V_2〔V〕、出力電流を I_2〔A〕とします。

基準となる電力量（入力電力）を P_1〔W〕、比較対象の電力量（出力電力）を P_2〔W〕とします。

図 10.5　増幅器（入力抵抗、出力抵抗はともに同じ R とする）

(1) B（ベル）とは

P_1 が基準になる入力電力、P_2 を対象となる出力電力なので、

$$\log_{10}\frac{P_2}{P_1} \quad \text{[B]} \qquad \cdots ①$$

(2) dBとは

式①を使用して2倍の電力利得を求めると $\log_{10}2 \fallingdotseq 0.3$ B、3倍の電力利得は $\log_{10}3 \fallingdotseq 0.48$ B となり、日常使用する値としては小さくて不便です。そこで式①を10倍して接頭語に1/10を意味するデシ（deci）のdを付けて、

$$10\log_{10}\frac{P_2}{P_1} \quad \text{[dB]} \qquad \cdots ②$$

式②を使用すると、2倍の電力利得は、$10\log_{10}2 \fallingdotseq 3$ dB、3倍の電力利得は、$10\log_{10}3 \fallingdotseq 4.8$ dB となり、小さな数値や大きな数値を適度な数値に変換することができます。

ちなみに、百万倍の電力利得は、$10\log_{10}10^6 = 60$ dB となり2桁で表すことができます。

補足：人間の感覚で刺激量と感覚量は経験的に対数関係にあることもdBを採用する理由です。

(3) 電力利得と電圧利得

増幅器などの電力利得を〔dB〕で求めるには、式②を使用して計算しますが、電圧利得を〔dB〕で求めるには、次のように計算します。

V_1 を基準になる入力電圧、V_2 を対象とする出力電圧、R を入力抵抗及び出力抵抗とすると、

$$10\log_{10}\frac{P_2}{P_1} = 10\log_{10}\frac{V_2{}^2/R}{V_1{}^2/R} = 10\log_{10}\left(\frac{V_2}{V_1}\right)^2 = 20\log_{10}\frac{V_2}{V_1} \qquad \cdots ③$$

になります。

【例題】

①出力電力が入力電力の160倍になる増幅回路の電力利得を〔dB〕単位で求めなさい。ただし、$\log_{10}2 = 0.3$ とします。

$$10\log_{10}160 = 10\log_{10}(2^4\times 10) = 10(\log_{10}2^4 + \log_{10}10) = 10(4\log_{10}2 + \log_{10}10)$$
$$= 10(4\times 0.3 + 1) = 10\times 2.2 = 22 \text{ dB}$$

②入力電圧 V_1 が 0.01 V、出力電圧 V_2 が 2 V の場合、増幅器の電圧増幅度を〔dB〕単位で求めなさい。

$$20\log_{10}\frac{V_2}{V_1}=20\log_{10}\frac{2}{0.01}=20\log_{10}200=20\log_{10}(2\times10^2)=20(\log_{10}2+\log_{10}10^2)$$

$$=20(\log_{10}2+2\log_{10}10)=20(0.3+2)=46\text{ dB}$$

(4) 電界強度の dB 表示

電界強度の単位は〔V/m〕ですが、アンテナなどで使用する場合〔μV/m〕単位がほとんどで、電界強度を求める場合〔dBμV/m〕という単位を使うことがあります。

【例題】1 μV/m を 0 dB とした場合、1 mV/m の電界強度を〔dB〕で表しなさい。

1 mV/m は、1000 μV/m です。

よって、

$$20\log_{10}\frac{1000}{1}=20\log_{10}10^3=20\times3\log_{10}10=20\times3\times1=60\text{ dB}$$

これを、60 dBμV/m と表示することがあります。

logについて

(1) log、ln は対数※ (logarithm) の記号

(2) 対数は桁数の大きい数の計算処理のため考えられた（航海のために天文観測が必要。天文学などは桁数の大きい計算を必要とする。計算機の無い時代に大きな数の計算が可能。）。

(3) ある数 x に対して $x = 10^y$ となるような y を求めることを、「10 を底とする x の対数を求める」といい、$y = \log_{10}x$ と書く。

(4) ・$\log_{10} xy = \log_{10} x + \log_{10} y$

・$\log_{10} \dfrac{x}{y} = \log_{10} x - \log_{10} y$

・$\log_{10} x^n = n\log_{10} x$

【例】

(A) $\log_{10}10 = 1$　　(B) $\log_{10}10^4 = 4 \times \log_{10}10 = 4 \times 1 = 4$

(C) $\log_{10}6 = \log_{10}(2 \times 3) = \log_{10}2 + \log_{10}3 = 0.3 + 0.48 = 0.78$

(D) $\log_{10}5 = \log_{10}\dfrac{10}{2} = \log_{10}10 - \log_{10}2 = 1 - 0.3 = 0.7$

(E) $\log_{10}8 = \log_{10}2^3 = 3 \times \log_{10}2 = 3 \times 0.3 = 0.9$

※対数（logarithm）という用語は、ネイピア（英）の考案したもの。ギリシャ語のロゴス（logos：神の言葉）とアリトモス（arithmos：数）を組み合わせたもの。

※1624年にケプラー（独）がLogを使用、その後、オイラー（スイス）が常用対数にlogを使用。

第11章

伝送線路、給電線と整合

電線に直流電圧を加えると、電線上のどこでも流れる電流の大きさは同じになりますが、高周波電圧を加えた場合は、電線の位置によって電圧・電流の大きさが変化します。送信機や受信機とアンテナを接続する電線を給電線といいます。この給電線には、「平行二線式線路」、「同軸線路」（以降、「同軸ケーブル」）、「導波管」などがあります。一般的には、同軸ケーブルが多く使われますが、マイクロ波領域など高い周波数帯では、同軸ケーブルでは損失が大きくなるため、金属管で作られた導波管を使用することもあります。給電線とアンテナのインピーダンスが整合していない場合、反射波が生じて、進行波と干渉して定在波を生じます。送信機や給電線、アンテナの整合の度合いを表すために、「電圧定在波比VSWR」を使用します。VSWRを1に近づけると電波を能率良くアンテナから放射することができます。

11-1

平行二線式線路

平行二線式線路の終端を開放した場合および短絡した場合の線路上にある任意点のインピーダンスの変化について説明します。

平行二線線路上の電圧・電流分布

図 11.1 に示すような、**平行二線式線路**に高周波電源を接続して**終端**（右側の端子 a と端子 b 間）を開放および短絡したときの線路の各点の電圧 V〔V〕および電流 I〔A〕の分布を測定すると、終端開放の場合は図 11.2、終端短絡の場合は図 11.3 のようになります。ただし、線路は損失の無い理想的な状態とします。

図 11.1　平行二線式線路

図 11.2　終端開放の場合（点線は電圧、実線は電流分布）

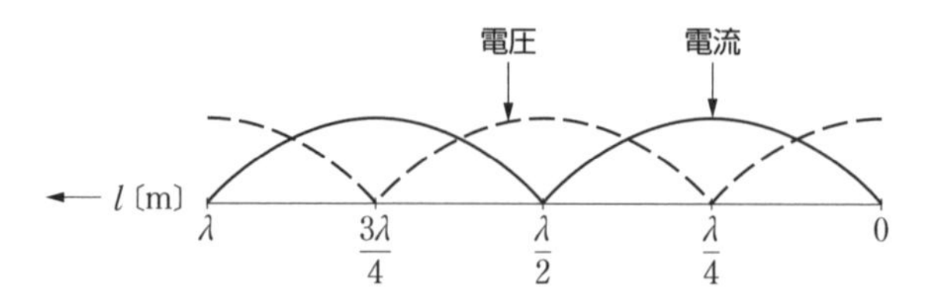

図11.3　終端短絡の場合（点線は電圧、実線は電流分布）

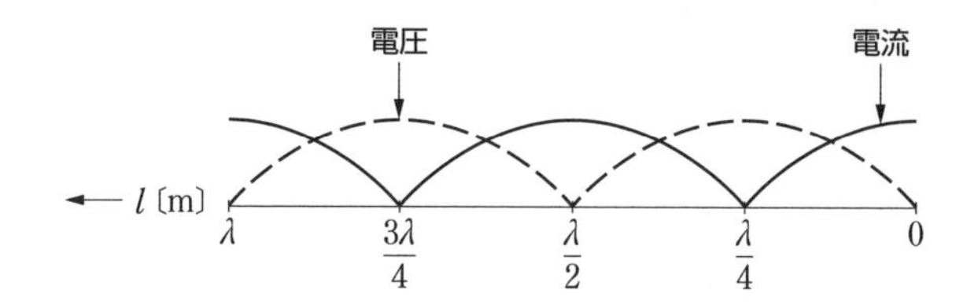

▶▶ 平行二線式線路の任意点のインピーダンスを計算

図 11.4 に示す特性インピーダンスが Z_0〔Ω〕の平行二線式線路の終端に、インピーダンスが Z_L〔Ω〕の負荷を接続したとき、平行二線式線路の終端から任意の l〔m〕の点 cd から右側を見たインピーダンス Z〔Ω〕は、次式で表すことができます。

図11.4　平行二線式線路の任意点のインピーダンス

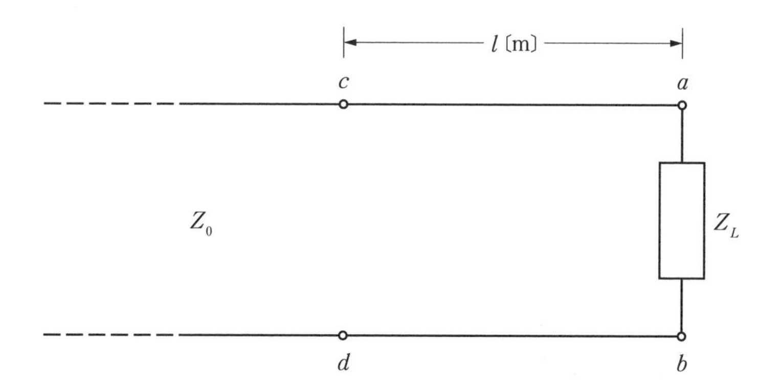

$$Z = Z_0 \frac{Z_L + jZ_0 \tan \beta l}{Z_0 + jZ_L \tan \beta l} = Z_0 \frac{Z_L + jZ_0 \tan \frac{2\pi l}{\lambda}}{Z_0 + jZ_L \tan \frac{2\pi l}{\lambda}} \quad 〔\Omega〕 \qquad \cdots (11.1)$$

ただし、β は位相定数で $\beta = \frac{2\pi}{\lambda}$ です。

位相角の計算

図 11.5 に示すように、正弦波電圧の 1 波長 λ〔m〕が 2π〔rad〕になります。
任意の長さ l〔m〕のときの角度を θ〔rad〕とすると、次式が成り立ちます。

$\lambda : 2\pi = l : \theta$

これより、$\theta = \frac{2\pi}{\lambda} l = \beta l$ となります。

図 11.5　位相角の計算

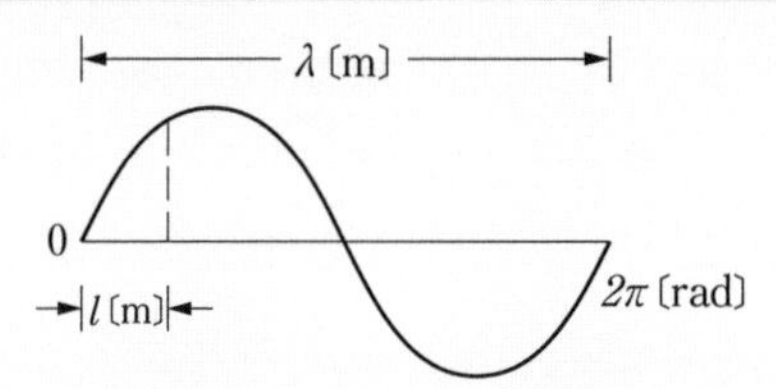

● $l = \lambda/4$ の奇数倍の点のインピーダンス（例えば 1 倍の $l = \lambda/4$ の場合）

$l = \lambda/4$ のとき、$\tan \beta l = \tan \frac{2\pi l}{\lambda} = \tan(\frac{2\pi}{\lambda} \times \frac{\lambda}{4}) = \tan \frac{\pi}{2} = \infty$ となり、式（11.1）は、

$$Z = Z_0 \frac{Z_L + jZ_0 \tan \beta l}{Z_0 + jZ_L \tan \beta l} = Z_0 \frac{\frac{Z_L}{\tan \beta l} + jZ_0}{\frac{Z_0}{\tan \beta l} + jZ_L} = Z_0 \frac{jZ_0}{jZ_L} = \frac{{Z_0}^2}{Z_L} \ \text{〔Ω〕} \cdots (11.2)$$

となります。

● $l = \lambda/4$ の偶数倍の点のインピーダンス（例えば 2 倍の $l = \lambda/2$ の場合）

$l = \lambda/2$ のとき、$\tan \beta l = \tan \frac{2\pi l}{\lambda} = \tan(\frac{2\pi}{\lambda} \times \frac{\lambda}{2}) = \tan \pi = 0$ となり、式（11.1）は、

$$Z = Z_0 \frac{Z_L + jZ_0 \tan \beta l}{Z_0 + jZ_L \tan \beta l} = Z_0 \frac{Z_L}{Z_0} = Z_L \ \text{〔Ω〕} \qquad \cdots (11.3)$$

となります。

●終端開放（$\mathbf{Z}_L = \infty$）の場合、

$$Z = Z_0 \frac{Z_L + jZ_0 \tan \beta l}{Z_0 + jZ_L \tan \beta l} = Z_0 \frac{1 + j\dfrac{Z_0 \tan \beta l}{Z_L}}{\dfrac{Z_0}{Z_L} + j \tan \beta l} = \frac{Z_0}{j \tan \beta l} \quad \cdots (11.4)$$

で、終端開放の場合のインピーダンスの変化は、次のようになります。

(1) $0 < l < \lambda/4$ 内で計算が容易な $l = \lambda/6$ のとき

$\tan \beta l = \tan \dfrac{2\pi l}{\lambda} = \tan(\dfrac{2\pi}{\lambda} \times \dfrac{\lambda}{6}) = \tan \dfrac{\pi}{3} = \sqrt{3}$ なので、

$$Z = \frac{Z_0}{j \tan \beta l} = \frac{Z_0}{j\sqrt{3}} = -j\frac{Z_0}{\sqrt{3}} \quad [\Omega] \quad \cdots (11.5)$$

となります。

(2) $l = \lambda/4$ のとき

$\tan \beta l = \tan \dfrac{2\pi l}{\lambda} = \tan(\dfrac{2\pi}{\lambda} \times \dfrac{\lambda}{4}) = \tan \dfrac{\pi}{2} = \infty$ なので、

$$Z = \frac{Z_0}{j \tan \beta l} = 0 \quad [\Omega] \quad \cdots (11.6)$$

となります。

(3) $\lambda/4 < l < \lambda/2$ 内で計算が容易な $l = \lambda/3$ のとき

$\tan \beta l = \tan \dfrac{2\pi l}{\lambda} = \tan(\dfrac{2\pi}{\lambda} \times \dfrac{\lambda}{3}) = \tan \dfrac{2\pi}{3} = -\sqrt{3}$ なので、

$$Z = \frac{Z_0}{j \tan \beta l} = \frac{Z_0}{-j\sqrt{3}} = j\frac{Z_0}{\sqrt{3}} \quad [\Omega] \quad \cdots (11.7)$$

となります。

(4) $l = \lambda/2$ のとき

$$\tan \beta l = \tan \frac{2\pi l}{\lambda} = \tan(\frac{2\pi}{\lambda} \times \frac{\lambda}{2}) = \tan \pi = 0$$ なので、

$$Z = \frac{Z_0}{j \tan \beta l} = \infty \quad 〔\Omega〕 \quad \cdots (11.8)$$

となります。

上記の (1) ～ (4) の結果を利用して終端開放の場合のインピーダンスの変化を図示すると図 11.6 になります。

図 11.6　終端開放の場合のインピーダンスの変化

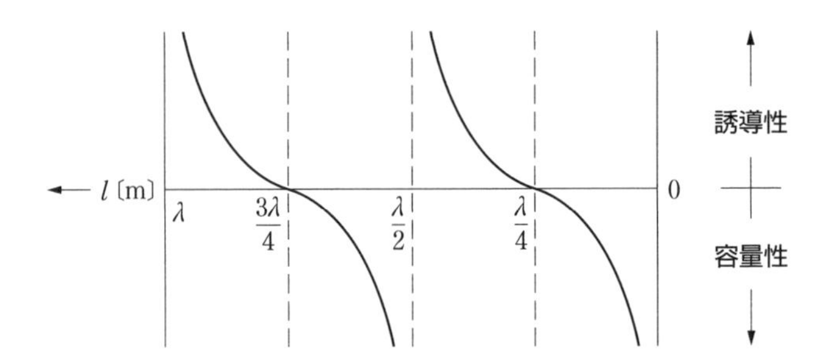

●終端短絡（$Z_L = 0$）の場合

$$Z = Z_0 \frac{Z_L + jZ_0 \tan \beta l}{Z_0 + jZ_L \tan \beta l} = Z_0 \frac{jZ_0 \tan \beta l}{Z_0} = jZ_0 \tan \beta l \quad \cdots (11.9)$$

終端短絡の場合のインピーダンスの変化は、次のようになります。

(1) $0 < l < \lambda/4$ 内で計算が容易な $l = \lambda/6$ のとき

$$\tan \beta l = \tan \frac{2\pi l}{\lambda} = \tan(\frac{2\pi}{\lambda} \times \frac{\lambda}{6}) = \tan \frac{\pi}{3} = \sqrt{3}$$ なので、

$$Z = jZ_0 \tan \beta l = j\sqrt{3} Z_0 \quad 〔\Omega〕 \quad \cdots (11.10)$$

となります。

(2) $l=\lambda/4$ のとき

$$\tan\beta l=\tan\frac{2\pi l}{\lambda}=\tan(\frac{2\pi}{\lambda}\times\frac{\lambda}{4})=\tan\frac{\pi}{2}=\infty$$ なので、

$$Z=jZ_0\tan\beta l=\infty\ 〔\Omega〕 \quad \cdots (11.11)$$

となります。

(3) $\lambda/4<l<\lambda/2$ 内で計算が容易な $l=\lambda/3$ のとき

$$\tan\beta l=\tan\frac{2\pi l}{\lambda}=\tan(\frac{2\pi}{\lambda}\times\frac{\lambda}{3})=\tan\frac{2\pi}{3}=-\sqrt{3}$$ なので、

$$Z=jZ_0\tan\beta l=-j\sqrt{3}Z_0\ 〔\Omega〕 \quad \cdots (11.12)$$

となります。

(4) $1=\lambda/2$ のとき

$$\tan\beta l=\tan\frac{2\pi l}{\lambda}=\tan(\frac{2\pi}{\lambda}\times\frac{\lambda}{2})=\tan\pi=0$$ なので、

$$Z=jZ_0\tan\beta l=0\ 〔\Omega〕 \quad \cdots (11.13)$$

となります。

上記 (1) ～ (4) の結果を利用して終端短絡の場合のインピーダンスの変化を図示すると図 11.7 になります。

図11.7 終端短絡の場合のインピーダンスの変化

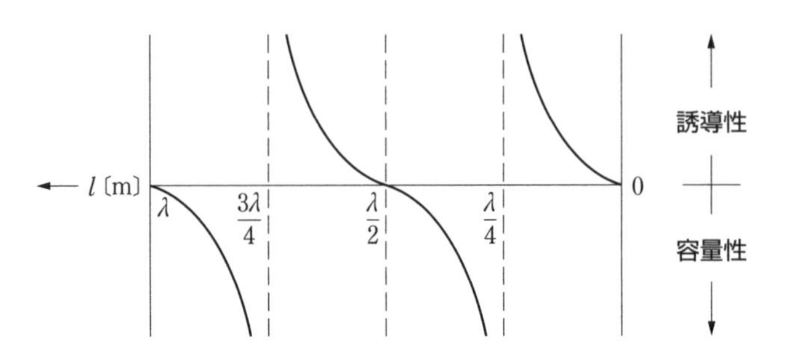

● $\mathbf{Z}_L = \mathbf{Z}_0$ の場合

$$Z = Z_0 \frac{Z_L + jZ_0 \tan \beta l}{Z_0 + jZ_L \tan \beta l} = Z_0 \frac{Z_0 + jZ_0 \tan \beta l}{Z_0 + jZ_0 \tan \beta l} = Z_0 \quad \cdots (11.14)$$

特性インピーダンスに等しいインピーダンスを接続すると反射は起こらず線路長が無限に長い場合と同じになります。

11-2 給電線

給電線は「送信機とアンテナ」、「受信機とアンテナ」を接続する重要な線路で、適切なインピーダンスを持った給電線を使用する必要があります。

各種給電線

送信機や受信機とアンテナを接続する電線を**給電線**といいます。給電線には、「平行二線式線路」、「同軸ケーブル」があります。マイクロ波などの周波数の高い電波を平行二線式線路や同軸ケーブルで伝送すると損失が多くなるため「導波管」を使用することがあります。

導波管は、円形や方形の金属管で作られており、導波管内を伝わる電磁波は伝送方向に磁界成分のみを持つ「TE（Transverse Electric wave）モード」、または、伝送方向に電界成分のみを持つ「TM（Transverse Magnetic wave）モード」と呼ばれるモードがあり、「平行二線式線路」、「**同軸ケーブル**」を伝わる電波のモードとは異なります。

平行二線式線路

平行二線式線路は、図 11.8 に示すように 2 本の電線が平行に置かれている線路です。

図 11.8　平行二線式線路

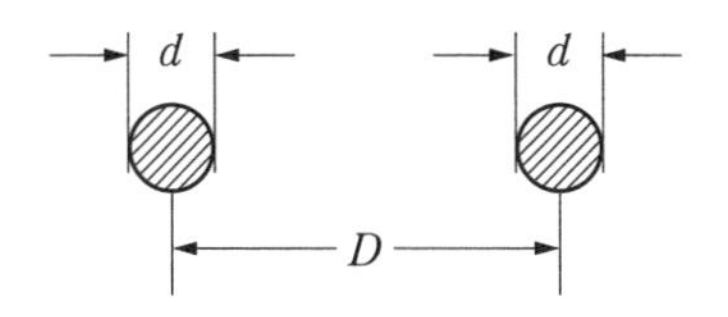

平行二線式線路の導線の直径を d〔m〕、2 本の導線の中心間距離を D〔m〕、比誘電率を $\varepsilon_S = 1$ とすると、特性インピーダンス Z_0 は次式のようになります。

$$Z_0 = 277 \log_{10} \frac{2D}{d} \quad 〔\Omega〕 \qquad \cdots (11.15)$$

平衡方式の給電線は写真 11.1 に示すような大電力短波国際放送送信所の送信機とアンテナを結ぶ給電線に使用されています。

▼写真 11.1 大電力短波国際放送送信所の給電線

COLUMN

平行二線式線路の特性インピーダンス

平行二線式線路の単位長さ当たりのインダクタンスは、$L = \frac{\mu_0}{\pi}\log_e\frac{2D}{d}$ 〔H〕…①

単位長さ当たりのキャパシタンスは、$C = \frac{\pi\varepsilon_0\varepsilon_s}{\log_e(2D/d)}$ 〔F〕…②

式①と式②を $Z_0 = \sqrt{\frac{L}{C}}$ に代入して計算すると、$Z_0 = 277\log_{10}\frac{2D}{d}$ 〔Ω〕になります。

ただし、μ_0 は真空中の透磁率で $\mu_0 = 4\pi\times10^{-7}$ H/m、
ε_0 真空中の誘電率で $\varepsilon_0 = 8.85\times10^{-12}$ F/m です。

同軸ケーブル

同軸ケーブルは、図 11.9 に示すように、内部導体、ポリエチレンなどの誘電体(絶縁体)、外部導体、シースなどで構成されている**不平衡形**のケーブルです。

図11.9 同軸ケーブルの構造

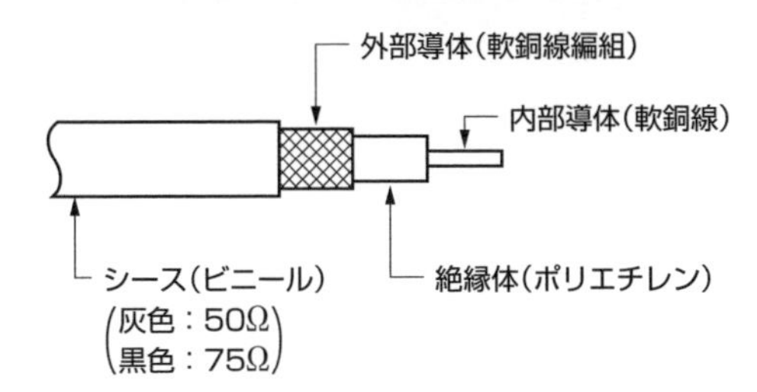

(a)一般用(一重シールド構造)

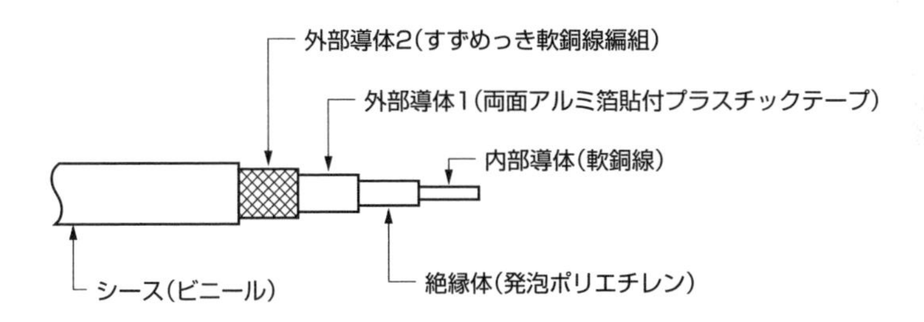

(b)衛星放送受信用(二重シールド構造)

図11.10に示すように同軸ケーブルの外部導体の内径を D〔m〕、内部導体の外径を d〔m〕、誘電体の比誘電率を ε_S とすると、同軸ケーブルの特性インピーダンス Z_0〔Ω〕は次式で表すことができます。

$$Z_0 = \frac{138}{\sqrt{\varepsilon_s}} \log_{10} \frac{D}{d} \quad \text{〔Ω〕} \qquad \cdots (11.16)$$

図11.10 同軸ケーブルの寸法

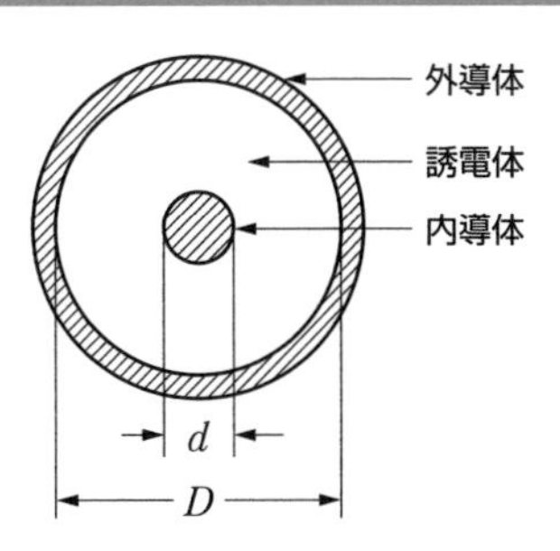

同軸ケーブルの特性インピーダンス

同軸ケーブルの単位長さ当たりのインダクタンスは、$L = \frac{\mu_0}{2\pi}\log_e\frac{D}{d}$〔H〕…①

単位長さ当たりのキャパシタンスは、$C = \frac{2\pi\varepsilon_0\varepsilon_s}{\log_e(D/d)}$〔F〕…②

式①と式②を$Z_0 = \sqrt{\frac{L}{C}}$に代入すると、$Z_0 = \frac{138}{\sqrt{\varepsilon_s}}\log_{10}\frac{D}{d}$〔Ω〕になります。

ただし、μ_0は真空中の透磁率で$\mu_0 = 4\pi\times10^{-7}$ H/m、

ε_0真空中の誘電率で$\varepsilon_0 = 8.85\times10^{-12}$ F/mです。

表 11.1 は、ある電線メーカーの同軸ケーブル「5D2V」の内導体の外径と外導体の内径を示したものです。ポリエチレンの比誘電率$\varepsilon_S = 2.2$として、実際の同軸ケーブルの特性インピーダンスを計算すると、次のような結果になります。

$$Z_0 = \frac{138}{\sqrt{\varepsilon_s}}\log_{10}\frac{D}{d} = \frac{138}{\sqrt{2.2}}\log_{10}\frac{4.8}{1.4} = 93.04\log_{10}3.43 = 93.04\times0.535 = 49.8\ \Omega$$

同軸ケーブルの型番の意味を表 11.2 に示します。

表 11.1　同軸ケーブルの内導体外径と外導体の内径

同軸ケーブル	特性インピーダンス	内導体外径d	外導体内径D
5D2V	50Ω	1.4mm	4.8mm

表 11.2　同軸ケーブルの型番（5D2Vの数字およびアルファベットの意味）

英数字	意　味
5	外部導体の内径（＝絶縁体の外径）の概略を [mm] 単位で表す
D	特性インピーダンスを表す：Dは [50Ω]、Cは75 [Ω]
2	絶縁体の材料を表す：2はポリエチレン、Fは発泡ポリエチレン
V	Vは一重導体編組、Wは二重導体編組、Bは両面アルミ箔貼付プラスチックテープを表す

導波管

導波管は、円形や方形の金属管で作られており、電波を導波管内に伝送させるものです。

図 11.4 に、長辺 a〔m〕、短辺 b〔m〕の方形導波管を示します。対辺距離の短い方に強い電界を生じ、図 11.5 のように電界成分は y 方向になります。図 11.6 のように、x 方向には山が 1 つあればよいので、電磁波の波長をλとすると、$a=\lambda/2$ の関係となります。$\lambda = 2a$ のときの波長を遮断波長と呼びます。導波管は、遮断波長より長い波長の電波を伝送することはできません。

図11.11　方形導波管の外形

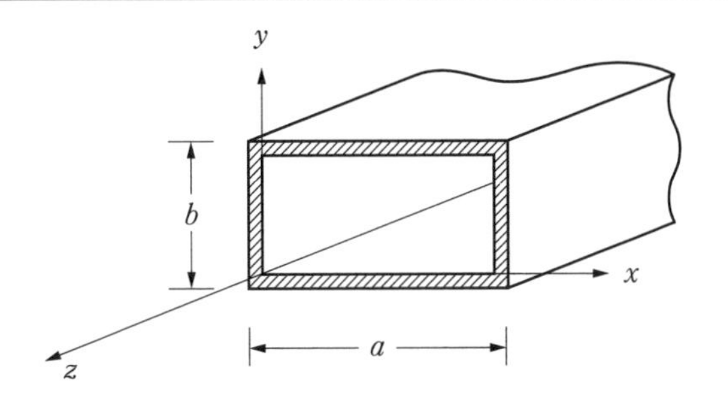

図11.12　方形導波管の電界（TE_{10}波）

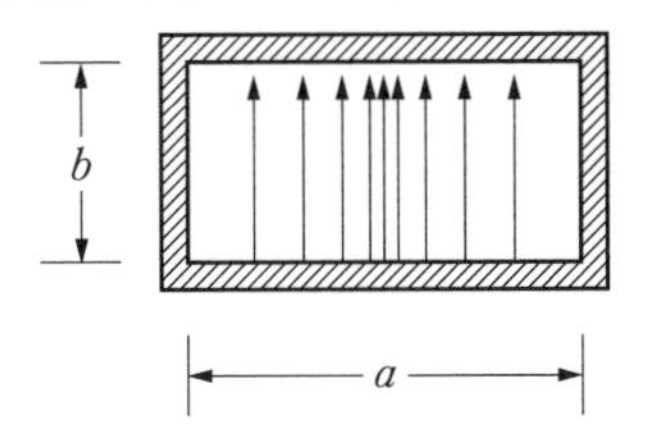

図11.13　導波管の遮断波長

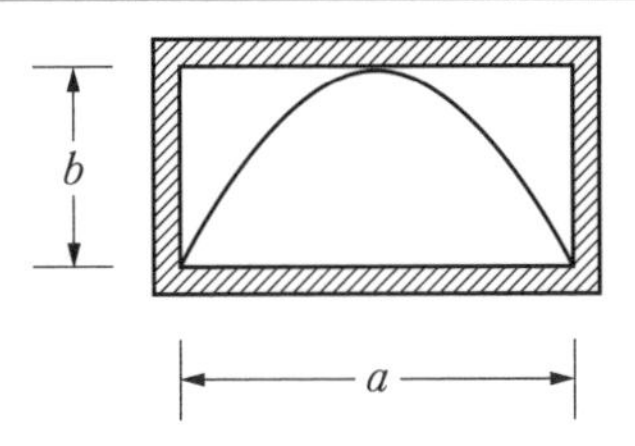

11-3

給電線とアンテナの整合

給電線とアンテナを接続する場合は、インピーダンスを整合させる必要があります。インピーダンスが整合していないと反射波が生じて送信電力を能率良く送れなくなります。

最大電力を取り出す条件

インピーダンスの相違するアンテナと同軸ケーブルを接続すると、送信電力の一部がアンテナから放射されないで、反射されて戻ってきます。反射電力が大きいと送信機が故障する可能性もあり不要な電波を輻射することがあります。

図 11.14 に示す電圧 E、内部抵抗 R_S の電源に負荷抵抗 R_L が直列に接続されている電気回路を考えます。負荷抵抗 R_L で取り出すことのできる電力を最大にする条件は、$R_L = R_S$ のときです。

負荷抵抗と電源の内部抵抗が等しいとき、取り出すことのできる電力を最大にすることができます。

図11.14　負荷抵抗 R_L と最大電力

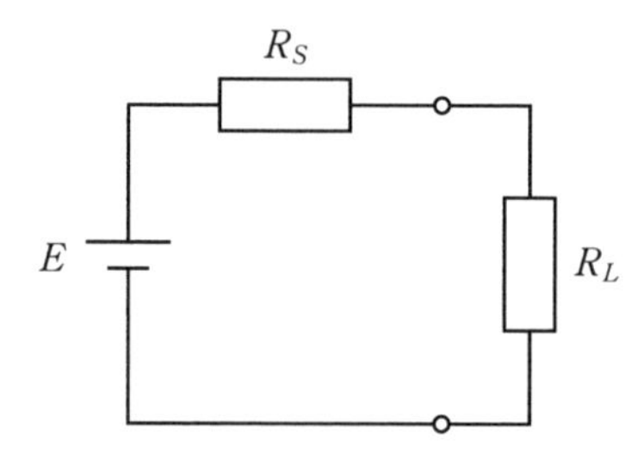

電力最大の条件はなぜ $R_L=R_S$ か

図 11.14 の回路を流れる電流を I とすると、

$$I=\frac{E}{R_S+R_L}\ 〔\mathrm{A}〕\cdots①$$

負荷抵抗 R_L で消費する電力を P とすると、

$$P=I^2R_L=\frac{E^2R_L}{(R_S+R_L)^2}\ 〔\mathrm{W}〕\cdots②$$

負荷抵抗 R_L で消費する電力を最大にするには、P を R_L で微分して最小値を求めます。

$$\frac{dP}{dR_L}=\frac{(2R_L+2R_S)E^2R_L-(R_L+R_S)^2E^2}{(R_L+R_S)^4}=\frac{(R_L{}^2-R_S{}^2)E^2}{(R_L+R_S)^4}=\frac{(R_L-R_S)E^2}{(R_L+R_S)^3}\cdots③$$

式③をゼロにする条件は、次のようになります。$R_L=R_S\cdots④$

式④を式②に代入すると、最大電力は次のようになります。

$$P=\frac{E^2R_L}{(R_S+R_L)^2}=\frac{E^2R_S}{4R_S{}^2}=\frac{E^2}{4R_S}\ 〔\mathrm{W}〕$$

給電線とアンテナの整合

図 11.15 に示す送信機の電力を同軸ケーブル（給電線）で、負荷であるアンテナに送る場合を考えます。送信機と給電線は整合がとれており、給電線とアンテナは整合がとれていないとします。

図11.15　送信機、給電線、アンテナを接続した様子

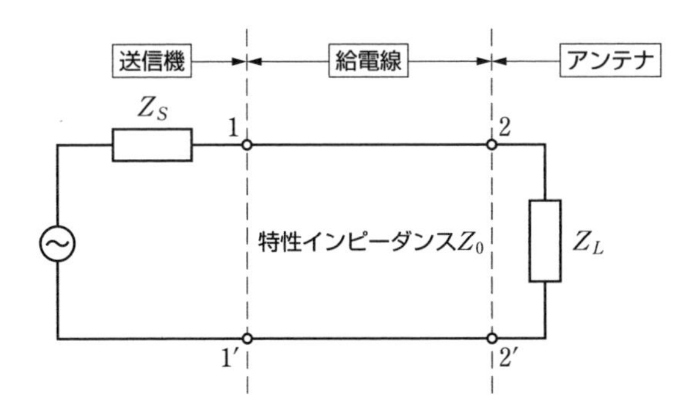

電波を給電線でアンテナに供給する場合、給電線の特性インピーダンス Z_0〔Ω〕とアンテナのインピーダンス Z_L〔Ω〕の値が等しくないときは、電力の一部が反射され送信機側に戻ってきます。この反射波が存在すると、入射波と干渉を起こして**定在波**が発生します。定在波の様子を観測することによりアンテナの整合状態を知ることができます。

給電線上の電波でアンテナに向かう入射波の電圧を V_i〔V〕、アンテナから戻ってくる反射波の電圧を V_r〔V〕とすると、V_i と V_r が同位相の場合は電圧が加算され、その最大値を $V_{\max}$〔V〕とします。

Vi と Vr が逆位相の場合は、弱められて電圧が減算され、その最小値を $V_{\min}$〔V〕とします。

$V_{\max}$、$V_{\min}$ は次のようになります。

$$V_{\max} = V_i + V_r \qquad \cdots (11.17)$$

$$V_{\min} = V_i - V_r \qquad \cdots (11.18)$$

Vi と Vr の比を反射係数といい、次のように Γ で表します。

$$\Gamma = \frac{V_r}{V_i} \qquad \cdots (11.19)$$

式（11.17）、式（11.18）を、式（11.19）を使用して書き換えると次式になります。

$$V_{\max} = V_i + V_r = V_i(1 + \frac{\mathrm{V_r}}{\mathrm{V_i}}) = V_i(1 + \Gamma) \qquad \cdots (11.20)$$

$$V_{\min} = V_i - V_r = V_i(1 - \frac{\mathrm{V_r}}{\mathrm{V_i}}) = V_i(1 - \Gamma) \qquad \cdots (11.21)$$

電圧定在波比 VSWR（Voltage Standing Wave Ratio）は、$V_{\max}$ と $V_{\min}$ の比で次式になります。

$$\mathrm{VSWR} = \frac{V_{\max}}{V_{\min}} = \frac{V_i(1+\Gamma)}{V_i(1-\Gamma)} = \frac{1+\Gamma}{1-\Gamma} \qquad \cdots (11.22)$$

具体例を考えます。

(A) 入射波が全部反射される場合

入射波が全部反射されるのは、$\left|\Gamma\right| = \dfrac{V_r}{V_i} = 1$ですので、

$$\mathrm{VSWR} = \frac{1+|\Gamma|}{1-|\Gamma|} = \frac{1+1}{1-1} = \frac{2}{0} = \infty \qquad \cdots (11.23)$$

となります。

(B) 反射波が全く無い場合

反射波が全く無い場合は、$\left|\Gamma\right| = \dfrac{V_r}{V_i} = 0$ですので、

$$\mathrm{VSWR} = \frac{1+|\Gamma|}{1-|\Gamma|} = \frac{1+0}{1-0} = 1 \qquad \cdots (11.24)$$

となります。

式 (11.24) より、VSWR = 1 のときは、送信機からの電波が 100%アンテナから放射されることを示しています。

●定在波の分布

給電線の特性インピーダンスを Z_0〔Ω〕とし、アンテナのインピーダンス Z_L〔Ω〕が変化した場合の定在波は、次のようになります。

(A) アンテナが外れている場合 ($Z_L = \infty$ の場合)

$Z_L = \infty$ の場合の定在波の様子を図 11.16 に示します。

アンテナが外れた場合には、入射波は全部反射され、$\Gamma = 1$ となり、VSWR は次のようになります。

$$\mathrm{VSWR} = \frac{1+\Gamma}{1-\Gamma} = \frac{1+1}{1-1} = \frac{2}{0} = \infty$$

$\Gamma = 1$ は、入射波がすべて反射することを意味し VSWR は無限大となります。

このときの、最大電圧 V_{max} と最小電圧 V_{min} は、次のようになります。

$$V_{max} = V_i + V_r = V_i(1 + \frac{V_r}{V_i}) = V_i(1 + |\Gamma|) = 2V_i$$

$$V_{min} = V_i - V_r = V_i(1 - \frac{V_r}{V_i}) = V_i(1 - |\Gamma|) = 0$$

図 11.16 アンテナが外れた場合の定在波の様子

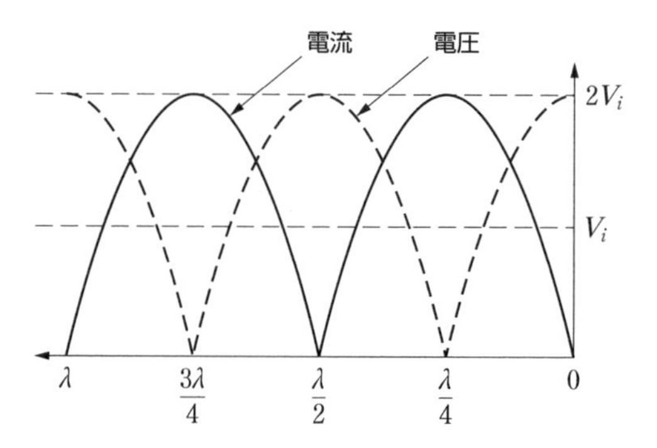

(B) $Z_L = 2Z_0$ の場合

$Z_L = 2Z_0$ の場合の定在波の様子を図 11.17 に示します。

この例は、給電線インピーダンスの 2 倍の値となるインピーダンスを持つアンテナを接続した場合です。

反射係数は ¥、次のようになります。

$$\Gamma = \frac{Z_L - Z_0}{Z_L + Z_0} = \frac{2Z_0 - Z_0}{2Z_0 + Z_0} = \frac{Z_0}{3Z_0} = \frac{1}{3}$$

$$\mathrm{VSWR} = \frac{1 + |\Gamma|}{1 - |\Gamma|} = \frac{1 + 1/3}{1 - 1/3} = 2$$

最大電圧 V_{max} と最小電圧 V_{min} は、次のようになります。

$$V_{max} = V_i(1 + |\Gamma|) = \frac{4}{3}V_i、V_{min} = V_i(1 - |\Gamma|) = \frac{2}{3}V_i$$

図11.17 $Z_L=2Z_0$の場合の定在波の様子

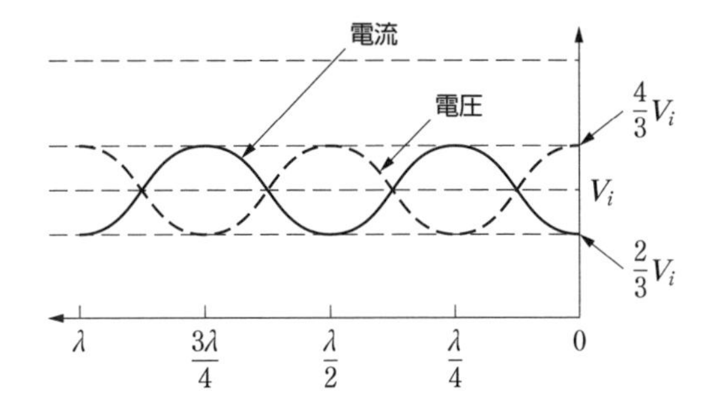

(C) $Z_L = Z_0$の場合

$Z_L = Z_0$の場合の定在波の様子を図 11.18 に示します。

給電線インピーダンスとアンテナのインピーダンスが同一で理想的な場合です。

$$\Gamma = \frac{Z_L - Z_0}{Z_L + Z_0} = \frac{Z_0 - Z_0}{Z_0 + Z_0} = 0$$

$$\mathrm{VSWR} = \frac{1+|\Gamma|}{1-|\Gamma|} = \frac{1+0}{1-0} = 1$$

最大電圧 $V_{\max}$ と最小電圧 $V_{\min}$ は、次のようになります。

$$V_{\max} = V_i(1+|\Gamma|) = V_i、V_{\min} = V_i(1-|\Gamma|) = V_i$$

最大電圧と最小電圧が同じになり、定在波は存在しなくなる。

図11.18 $Z_L=Z_0$の場合の定在波の様子

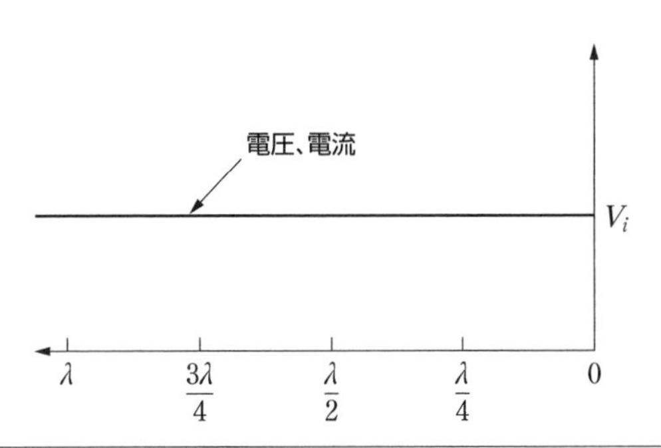

11-4

インピーダンスの整合

インピーダンスを整合させる回路例として、集中定数回路、分布定数回路を紹介します。Q変成器はしばしば使われます。

インピーダンスの整合方法

同軸ケーブルなどの給電線のインピーダンスとアンテナの給電点インピーダンスが等しくない場合は、送信機側に反射波が戻ってきて不都合を生じます。このような場合には、アンテナと給電線の間に**整合回路**を接続します。整合回路には、**LF**〜**HF** 帯くらいで使用される「**集中定数回路による整合回路**」と HF 帯以上の高い周波数で使用される「**分布定数回路による整合回路**」があります。

集中定数回路による整合の例

特性インピーダンスが Z_0〔Ω〕の同軸ケーブルと給電点インピーダンスが R〔Ω〕のアンテナを整合させる場合、インダクタンス L〔H〕とキャパシタンス C〔F〕を図 11.19 のように接続します。

図 11.19　集中定数回路による整合

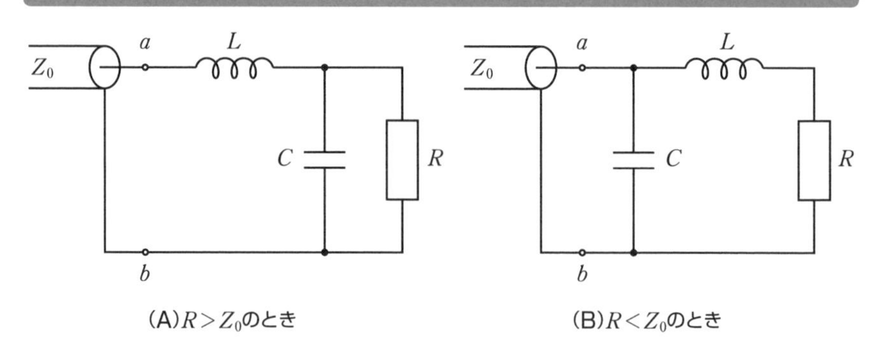

(A) $R > Z_0$ のとき

端子 ab から左側を見たインピーダンスと右側を見たインピーダンスが等しいので、

$$Z_0 = j\omega L + \frac{1}{\frac{1}{R} + j\omega C} \qquad \cdots (11.25)$$

式 (11.25) より、キャパシタンス C〔F〕とインダクタンス L〔H〕を求めると、

$C = \frac{\sqrt{(R-Z_0)/Z_0}}{\omega R}$〔F〕、$L = \frac{\sqrt{Z_0(R-Z_0)}}{\omega}$〔H〕となります。

COLUMN キャパシタンス C〔F〕とインダクタンス L〔H〕の導出

式 (11.25) を変形すると、

$$Z_0 = j\omega L + \frac{1}{\frac{1}{R} + j\omega C} = j\omega L + \frac{R}{1 + j\omega CR} = \frac{R - \omega^2 CLR + j\omega L}{1 + j\omega CR}$$

$$Z_0 + j\omega CRZ_0 = R - \omega^2 CLR + j\omega L \qquad \cdots ①$$

式①の左辺の実部と右辺の実部が等しいので、$Z_0 = R - \omega^2 CLR$ …②

左辺の虚部と右辺の虚部が等しいので、$\omega CRZ_0 = \omega L$ …③

式③より、$L = CRZ_0$ …④

式④を式②に代入すると、$Z_0 = R - \omega^2 C^2 R^2 Z_0$ …⑤

式⑤より、$C^2 = \frac{R - Z_0}{\omega^2 R^2 Z_0}$ …⑥

式⑥より $C = \frac{\sqrt{(R-Z_0)/Z_0}}{\omega R}$、 …⑦

式⑦を式④に代入すると、$L = CRZ_0 = \frac{\sqrt{(R-Z_0)/Z_0}}{\omega R} \times RZ_0 = \frac{\sqrt{Z_0(R-Z_0)}}{\omega}$

となります。

(B) $R < Z_0$ のとき

端子 ab から左側を見たインピーダンスと右側を見たインピーダンスが等しいので、

$$Z_0 = \frac{1}{j\omega C + \frac{1}{R + j\omega L}} \qquad \cdots (11.26)$$

式（11.26）より、キャパシタンス C〔F〕とインダクタンス L〔H〕を求めると、

$C=\dfrac{\sqrt{(Z_0-R)/R}}{\omega Z_0}$〔F〕、$L=\dfrac{\sqrt{R(Z_0-R)}}{\omega}$〔H〕となります。

分布定数回路による整合の例

●（A）Q変成器

Q（Quarter wavelength transformer）変成器は、図 11.20 に示すように、特性インピーダンス Z_0〔Ω〕の給電線とインピーダンス R〔Ω〕のアンテナ間、または、給電線の間に長さが 1/4 波長でインピーダンス Z〔Ω〕の給電線を挿入したものです。ab から右側を見たインピーダンスは、式（11.2）より、$\dfrac{Z^2}{R}$〔Ω〕になります。これが ab から左側を見たインピーダンス Z_0〔Ω〕に等しいので次式が成立します。

$$\frac{Z^2}{R}=Z_0 \quad \cdots (11.27)$$

式（11.27）より、

$$Z=\sqrt{Z_0 R} \quad 〔\Omega〕 \quad \cdots (11.28)$$

式（11.28）は、挿入する給電線のインピーダンス Z〔Ω〕を調整することにより整合をとることができることを表しています。

図11.20　Q変成器

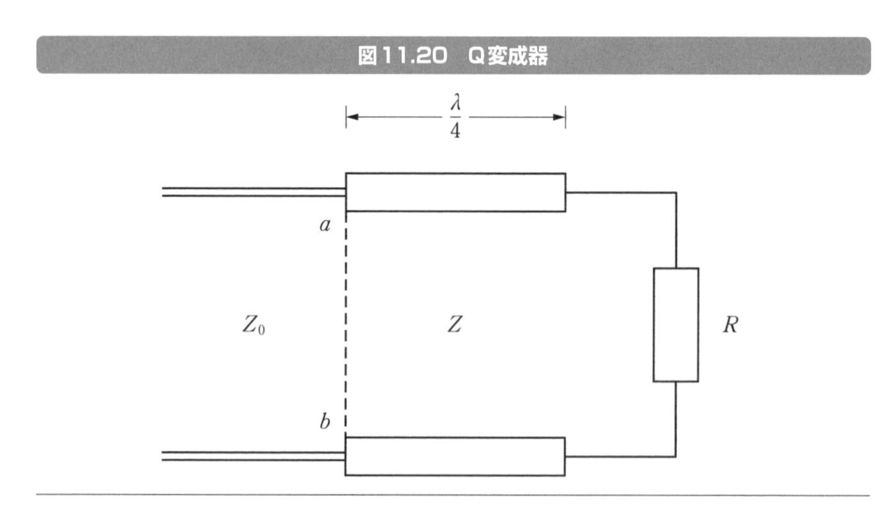

● (B) トラップ

図 11.21 のように、負荷から l_1 の距離の場所 ab に l_1 と同じインピーダンス Z_0〔Ω〕の給電線で終端を短絡した l_2 を接続します。給電線 l_2 を**トラップ**（「わな」を意味する）といいます。

図11.21 トラップ

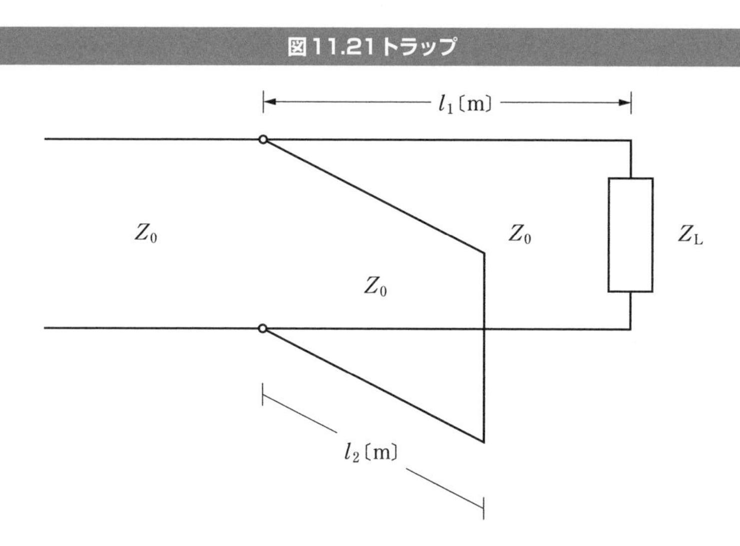

給電線 l_2 の終端が短絡しており、その入力インピーダンスは式（11.1）より次のようになります（$Z_L = 0$ として計算）。

$$Z_0 \frac{Z_L + jZ_0 \tan \beta l_2}{Z_0 + jZ_L \tan \beta l_2} = Z_0 \frac{jZ_0 \tan \beta l_2}{Z_0} = jZ_0 \tan \beta l_2 = jZ_0 \tan\left(\frac{2\pi l_2}{\lambda}\right) \quad 〔\Omega〕 \quad \cdots (11.29)$$

式（11.29）は抵抗成分が無く、リアクタンス成分だけであることを示しています。

基本波の波長を λ〔m〕とします。

$l_2 = \dfrac{\lambda}{4}$ にすると、式（11.29）は、

$$jZ_0 \tan\left(\frac{2\pi l_2}{\lambda}\right) = jZ_0 \tan\left(\frac{2\pi}{\lambda} \times \frac{\lambda}{4}\right) = jZ_0 \tan\left(\frac{\pi}{2}\right) = \infty \quad 〔\Omega〕 \quad \cdots (11.30)$$

式(11.30)は、基本波の周波数に対してインピーダンスが無限大になり、トラップの影響が無いことを表しています。

第 2 高調波は、周波数が 2 倍で波長は $1/2$ になります。

$l_2 = \dfrac{\lambda}{2}$ を代入すると、式(11.29)は、

$$jZ_0 \tan\left(\frac{2\pi l_2}{\lambda}\right) = jZ_0 \tan\left(\frac{2\pi}{\lambda} \times \frac{\lambda}{2}\right) = jZ_0 \tan(\pi) = 0 \quad 〔\Omega〕 \qquad \cdots (11.31)$$

式(11.31)は、第 2 高調波に対してはインピーダンスがゼロなのでトラップの効果を果たし第 2 高調波を除去できることを示しています。

11-5

電磁界モードの整合

平衡形の半波長ダイポールアンテナと非平衡形の同軸ケーブルを接続すると、お互いの電磁界モードが異なるため不要輻射の原因になります。それを避けるために変換回路のバランを用います。

電磁界モードの整合方法

送受信機で使用する給電線の多くに**不平衡形**の同軸ケーブルが使われています。一方、アンテナの多くは、**平衡形アンテナ**です。インピーダンスが同じであっても、「不平衡形の同軸ケーブル」と「平衡形のアンテナ」を、そのまま接続すると**電流分布**が非対称になり、電波の放射パターンが乱れ、不要放射の原因になることがあります。これらの不都合をなくするために、平衡・不平衡変換回路の「**バラン**（balanced to unbalanced transformer)」を挿入します。バランの例として、図11.22に示すようなU形バランがあります。

図11.22　U形バラン

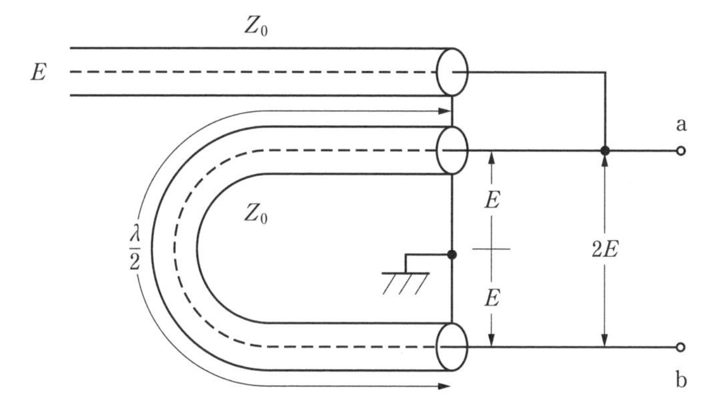

U形バランは、同軸ケーブルをU字形に曲げた形になっています。同軸ケーブルの特性インピーダンスをZ_0〔Ω〕、入力電圧をE〔V〕とします。同軸ケーブルを出た電流は2分され、一方は直接、平行線路に、もう一方は、U字形に曲げた長さ$1/2$波長の同軸ケーブルに加わります。$1/2$波長だけ長いと位相がπ〔rad〕遅れて、平

衡給電になり、ab 間の電圧は $2E$〔V〕となります。

ab 間のインピーダンスを Z_{ab}〔Ω〕とすると、入力電力 P_{in}〔W〕は、$P_{in} = \dfrac{E^2}{Z_0}$、出力電力 P_{out}〔W〕は、$P_{out} = \dfrac{(2E)^2}{Z_{ab}}$ となります。

入出力間に損失が無いとすれば、$P_{in} = P_{out}$ になり、次式が成立します。

$$\frac{E^2}{Z_0} = \frac{(2E)^2}{Z_{ab}}$$ よって、

$$Z_{ab} = \frac{(2E)^2 \times Z_0}{E^2} = 4Z_0 \qquad \cdots (11.32)$$

すなわち、ab 間のインピーダンス Z_{ab} は、同軸ケーブルの特性インピーダンス Z_0 の 4 倍になります。

第12章

実際のアンテナ

本章では、実際の業務で使われているアンテナのいくつかを紹介します。

12-1
長波標準電波JJYの傘型アンテナ

長波標準電波は従来の短波標準電波に代って、1999年6月1日から40kHzの長波標準電波、2001年10月1日から60kHzの長波標準電波が送信開始されました。

長波標準電波の送信アンテナ

電波時計の時刻自動修正などに使用されている、**長波標準電波送信所**（識別信号「JJY」）のアンテナを紹介します。標準電波送信所は国内に2か所あり、東日本では福島県大鷹鳥谷（おおたかどや）山、西日本では佐賀県と福岡県境の羽金（はがね）山に設置されています。

2か所とも**傘型アンテナ**を使用しており、アンテナの高さは200m以上あります。傘型アンテナのイメージは、雨傘を想像してみてください。雨傘は、骨組みと柄の部分から成り、傘型アンテナは、柄の部分がアンテナの高さに相当します。おおたかどや山標準電波送信所の送信周波数は40 kHzですので、波長に換算すると7.5kmになります。

$\lambda/4$ 垂直接地アンテナの理想的な長さは、0.25波長ですので、アンテナ長として約1.9km必要です。しかし、おおたかどや山標準電波送信所の場合、アンテナ長は地上高250mしかありません。

そこで、アンテナの長さをかせぐため、傘型アンテナを採用して、送信局舎内に整合器室を設けています。整合器室にはコイルが設置されています。

はがね山標準電波送信所の送信周波数は60 kHzで、地上高200mの傘型アンテナが設置されています。コイルを使ったアンテナ整合は、1929年に開所した依佐美送信所（現：依佐美送信記念館）においても使用されました。

▼写真 12.1　おおたかどや山標準電波送信所アンテナ
（国立研究開発法人情報通信研究機構提供）

12-2

中波放送用アンテナ

中波放送局の波長は数100mにもなるため、アンテナも長大になりますが、アンテナの頂部に負荷を取り付けることにより、高さを抑える工夫がされています。

中波放送局の送信アンテナ

中波放送は、電波法施行規則で526.5～1,606.5kHzと定義されていますが、実際に許可されている周波数は、531～1,602kHzの範囲で9kHzごとにチャネルが割り当てられています。**地表波**を使って全国各地に番組を提供するため、送信側では、水平面内の指向性が全方向性になるように、接地型のアンテナが使われています。放送局の周波数が低いため、地上からのアンテナの高さが100m以上になります。

写真12.2に、中波AM放送局に使用されている**頂部負荷型の垂直接地アンテナ**の例を示します。この写真の場合、アンテナが2本隣接して設置されており、手前のアンテナは、地上から頂部までの高さが155mあります。後方のアンテナの高さも同程度あります。100m以上ものアンテナを支えるためのワイヤーが張られています。また、アンテナの下に写真12.3に示す**台碍子**といわれる絶縁物が設けられています。

中波AM放送は、マンションやオフィスビルの中では、聞こえにくいことがあります。そこで、平成26年4月以降、VHFを使ったFM波でもAM波と同じ番組が聞けるようにする対策が進められています。この周波数はFM放送局の少し上の周波数で、90.1～94.9 MHzの範囲（地上アナログTV放送されていたときの1～3チャネル付近に相当）で100 kHzごとにチャネルが割り当てられるようになっており、令和3年6月24日現在、全国の民放47局がAM波とFM波で同じ番組を提供しています。

なお、令和2年12月に公表された「民間ラジオ放送事業者のAM放送のFM放送への転換などに関する「実証実験」の考え方」に基づいた実証実験が、令和5年11月以降に予定されています。この実証実験結果を踏まえ、将来、中波AM用の送信アンテナが少なくなるかもしれません。

▼写真 12.2　中波 AM 放送局の垂直接地アンテナ

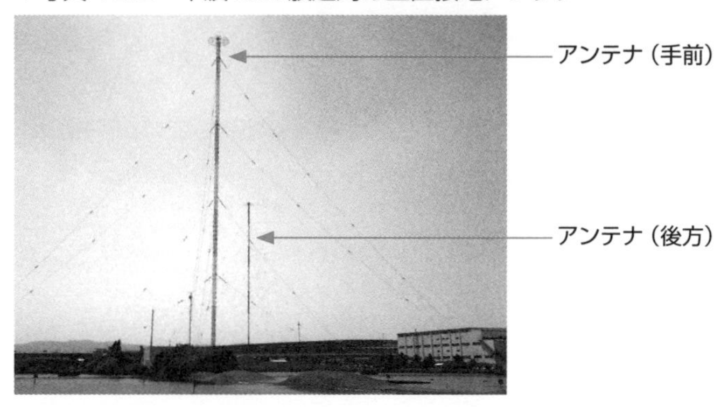

▼写真 12.3　垂直接地アンテナの台碍子

12-3

航空交通管制アンテナ

航空機を安全に離発着させるため、空港内や空港周辺には各種の航空用レーダーが設置されています。そのため、空港で目撃することも多いと思います。

空港監視レーダーのアンテナ

レーダーは、送信地点から目標物までの距離を測定するときに使用されます。

送信地点から電波を発射し、目標物で反射されてきた電波を送信地点で受信したときの時間から往復に要した時間が分かります。この往復に要した時間から距離が求められます。

極超短波で使用されている、「**空港監視レーダーASR**（Airport Surveillance Radar）」の例を写真 12.4 に示します。

ASR は、空港周辺空域における航空機の進入および出発管制を行うために用いられるレーダーで、「**一次監視レーダーPSR**（Primary Surveillance Radar）」と「**二次監視レーダーSSR**（Secondary Surveillance Radar）」を組み合わせて使用しています。

写真 12.4 の上が SSR 用のアンテナで、**アレーアンテナ**が使われています。下が PSR 用のアンテナで、**開口面アンテナ**が使われています。

PSR は、飛行機までの距離と方位を知ることができます。探知可能距離は 100 ~ 150km 程度で、2.7 ~ 2.9 GHz の周波数を使用しています。飛行機の方位情報を取得するためにアンテナを 4 秒程度で 1 回転させています。

SSR は、PSR では取得できない「飛行高度情報」、「航空機識別情報」などを取得します。SSR の探知可能距離は 100 ~ 370km 程度で、1.03 GHz と 1.09 GHz の周波数を使用しています。SSR は、「**航空路監視レーダーARSR**（Air Route Surveillance Radar）」にも使用されていますので、探知可能距離が長くなっています。

▼写真 12.4　ASR のアンテナ

12-4

航空援助用アンテナ

VORは超短波帯の電波を使用した短距離用の航法無線装置で、航空機の方位角を知ることができます。アンテナにはアルホードループアンテナが使われています。

VORのアンテナ

短距離航行用の航法無線装置である、「**超短波全方向式無線標識 VOR**（VHF Omni-directional Radio Range)」で使用するアンテナは、水平面の指向性が全方向性のものが必要です。そのため、VOR のアンテナには、写真 12.5 に示す、**Andrew Alford 氏** (1904 - 1992 年) が考案した**アルホードループアンテナ**が使用されています。

▼写真 12.5　アルホードループアンテナ

アルホードループアンテナは、図 12.1 に示すような 1.5 波長程度の平行二線式の線路を、図 12.2 に示すように「ム」の字形に折り曲げたものです（実際には線路の代わりに金属板が使用され広帯域化されています)。

図 12.1 平行二線式線路の電流分布

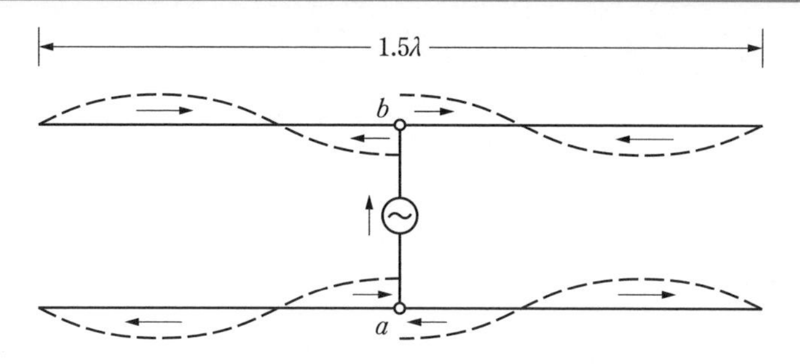

図 12.2 アルホードループアンテナに流れる電流

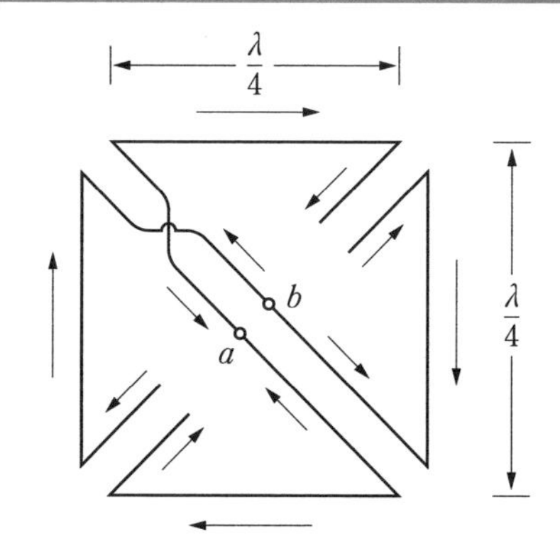

平行二線式線路に流れる電流は、逆方向になり電波は放射されません。しかし、平行二線式線路を折り曲げて図 12.2 の形状にすると、外側の各辺には、ほぼ同じ大きさの電流が同じ方向に流れるため、どの方向にも同じ大きさの電波が放射されます。したがって、水平に設置すると、水平面内の指向性は、全方向性の水平偏波、垂直面内の指向性は8の字特性になり、水平ダイポールアンテナの水平面、垂直面指向性と逆の特性になります。

VOR アンテナは、写真 12.6 に示すように**レドーム**と呼ばれるカバーで覆われているため、直接見ることはできませんが、48 個のアルホードループアンテナを円周上に配置し、円周の中心にも 1 個のアルホードループアンテナを配置した合計 49 個から構成されています。

▼写真 12.6　VOR（VHF Omni-directional radio Range）

VOR は、飛行機に目的の空港であることを知らせてくれる航空標識局です。飛行機は、航空路が定められており、航空路の主要地点の陸上に VOR の施設が設置されています。また、コクピット内に VOR の方位を示す計器が取り付けられており、飛行中のどの方位に VOR があるのかを知ることができます。VOR で使用する周波数は、VHF の 108 ～ 118 MHz です。

VOR は単独で設置されることは少なく、「**距離測定装置 DME**（Distance Measurement Equipment）」と併設されています。

DME は、UHF の 960 ～ 1,215 MHz の周波数を使用しています。

12-5 船舶用アンテナ

国際航海をする船舶には、中短波帯、短波帯、超短波帯、極超短波帯、マイクロ波帯などの多くの通信機器や航法機器が搭載されており、アンテナも多種多様です。

各種の船舶用アンテナ

世界中を航行する大型船舶や漁船には、数多くの通信機器が搭載されているので、アンテナの種類と数も多くなります。ここでは、その一部を紹介します。

航行中の安全を確保するため陸上との通信あるいは、船舶どうしの通信が欠かせません。そのため、陸上との通信手段として、赤道上空の約 36,000km の海事衛星を使った**インマルサットシステム**による方法と**電離層伝搬**による方法が用いられています。

写真 12.7 に衛星通信用のアンテナ群を示します。衛星通信用のアンテナには、海事衛星用のほかに、衛星放送受信用のアンテナや船舶無線電話のアンテナ、GPS アンテナがあります。衛星通信用のアンテナのほとんどが、塩害防止のためレドームと呼ばれるカバーで覆われています。

▼写真 12.7　衛星通信用アンテナの例

インマルサットシステムを説明します。船舶と衛星間に使用されている周波数は、船舶から衛星に向けて 1.6 GHz、衛星から船舶に向けて 1.5 GHz が使われています。また、陸上と衛星間に使用されている周波数は、陸上から衛星に向けて 6 GHz、衛星から陸上に向けて 4 GHz が使われています。

電離層伝搬による通信では、遠距離通信に最適な HF が使用されます。電離層伝搬による通信の場合、季節や時間帯で通信に適した周波数が変わるので、2 ～ 30 MHz の周波数が割り当てられています。電離層伝搬を使って陸上と通信する場合は、最適な周波数を選ぶ必要があります。

電離層伝搬による通信では、垂直アンテナがよく用いられますが、写真 12.8 に示した対数周期アンテナを利用する場合があります。

▼写真 12.8　対数周期アンテナ（前方）

一方、見通し距離における船舶どうしの通信や船舶と陸上との通信には、VHF の 156 ～ 170 MHz の周波数が使われます。これは、世界共通の周波数として割り当てられているので、「**国際 VHF**」と呼ばれています。

船舶どうしの衝突などを未然に防止するため、写真 12.9 に示した船舶用レーダーが使われています。このアンテナも塩害防止のため、レドームと呼ばれるカバーで覆われていますが、スロットアレーアンテナが利用されています。

船橋に設置されたレーダー画像には、船舶のほかに海面からの反射像なども映るため、障害物かどうかを見分ける必要があります。そのため、2 つのアンテナが装備されており、3 GHz と 9 GHz の周波数が使われています。3 GHz のレーダーを「S

バンドレーダー」、9 GHz のレーダーを「**X バンドレーダー**」といいます。

X バンドレーダーの場合は、9 GHz を使うので波長が短くなって小さな物標が確認できますが、雨滴や海面からの反射像の影響を受けやすくなります。そこで、S バンドレーダーと併用することで、障害物の有無を判別できるようにしています。

▼写真 12.9　レーダーアンテナの例（飛鳥Ⅱ）

漁船のアンテナ群を写真 12.10 に示します。衝突防止用のレーダーが 2 基、方向探知用のループアンテナ、インマルサット用のアンテナ、垂直アンテナが装備されているのが確認できます。

▼写真 12.10　漁船のアンテナ群（気仙沼にて）

12-6

電車用アンテナ

鉄道無線は、デジタル式列車無線システムの導入によりデータ通信も可能になり、列車運行状況やニュース等も伝送できるようになっています。

電車用のアンテナ

列車の安全確保のため、鉄道会社には無線局を開設しています。鉄道無線は、列車の乗務員と走行列車すべての運行を監視している運転司令員との間で交信が行われ、**空間波無線**と**誘導無線**の 2 種類があります。

ここでは、空間波無線に使用されているアンテナを紹介します。周波数として、超短波の 150 MHz 帯と極超短波の 300 ～ 430 MHz が使用されています。これらを波長に換算すると、2m（150 MHz）と 1 ～ 0.7m（300～430 MHz）になります。電車用のアンテナは、車両の屋根に取り付けるため、感電事故や高速走行に耐えなければなりません。そのため、**逆 L 形アンテナ**や**モノポールアンテナ**が使用されます。これらのアンテナ長は、0.25λ になるので、150MHz 帯で使用する場合は、モノポールアンテナの高さが 50cm となり、アンテナの実効高は 31.8cm になります。アンテナの高さを低くするために、逆 L 形アンテナにすると実効高は 22.5cm となります（9-1 のコラム「逆 L 形アンテナの実効高」を参照）。

逆 L 形アンテナは、車両の屋根に取り付けるため、車両の屋根とアンテナエレメントが平行になります。車両の屋根およびアンテナエレメントは、導体ですので容量成分が増えてしまい、アンテナの入力インピーダンスが 50 Ω から大きくずれてしまいます。そのため、可変コンデンサなどを使用した**整合回路部**を給電点に設けて、同軸ケーブルの特性インピーダンスと同じ 50 Ω に整合させることで SWR を 1 に近づけます。

写真 12.11 に、逆 L 形アンテナの製品例を示します。感電事故等を防ぐため、プラスチックカバーで覆われています。

▼写真 12.11　逆 L 形アンテナの例
（株式会社 HYS エンジニアリングサービス提供）

12-7 センチ波用アンテナ

小さな物標をレーダーで探知するには、波長の短い（周波数の高い）電波を使用する必要があります。

レーダー雨量計のアンテナ

周波数が高くなると電波の直進性が強くなるので、光と同様に考えることができます。

極超短波で使用されている ASR レーダーの場合、2.7 ~ 2.9 GHz の周波数で送信地点から 150km 離れた航空機が識別可能な開口面アンテナが使われます。しかし、同じ距離にある雨滴の有無を調べようとすると、飛行機に比べ目標物が小さいため、「周波数を高くして波長を短くする方法」や「アンテナの開口面を拡げる方法」が考えられます。

この考えは、顕微鏡の分解能を表す**比例関係**（レンズの直径に反比例し、光の波長に比例）に似ています。センチ波で使用されているレーダー雨量計基地局の例を写真 12.12 に示します。

レドームと呼ばれるカバーでアンテナ全体が覆われています。建物上部にレーダー雨量計のアンテナが取り付けられており、5GHz 帯の周波数（C バンドレーダー）を使用して電波を発射させると同時にアンテナを回転させて、半径 120km または半径 300km の範囲で降雨の分布と強度を測定しています。

1 時間あたり 1mm の精度で雨量強度が測定できるので、この観測の結果から台風や豪雨の状況が分かります。観測結果は、建物左右にあるレドームと呼ばれるカバーで覆われた開口面アンテナで国の関係機関に伝えられ、洪水予報など災害防止に役立てられています。

なお、建物左右のアンテナは、他の地点の観測データや災害情報を全国に伝えるための情報伝達機能も担っています。このことを**多重無線回線**あるいは**マイクロ波回線**といいます。センチ波には、一度に大容量のデータ伝送が行えるという特徴もあります。この多重無線回線では、主に 6.5 GHz 帯、7.5 GHz 帯、12 GHz 帯の周波数が使用されています。

▼写真 12.12　レーダー雨量計基地局の例

令和5年6月2日に国土交通省ホームページ「川の防災情報」で発表された「レーダ雨量」を写真 12.13 に示します。この写真は、写真 12.12 のレーダ雨量計などで観測された雨量強度を合成し可視化したものです。令和元年6月現在、Cバンドレーダ雨量計が全国26か所に、XバンドMPレーダ雨量計が39か所に設置されています。

各地で観測された雨量強度はマイクロ波回線を通してデータ収集され、これらのデータを合成して、国土交通省から発表されています。

周波数は異なりますが、TV放送の番組中継などにも多重無線回線が使われていて、4 ~ 40 GHzの周波数が割り当てられています。このように、多重無線回線は高い周波数が使わているので、見通しのよい高層ビル屋上や山頂などに設置されます。また、この回線で番組中継や災害情報などを伝送しているので、電波の伝搬路が高層ビルで遮蔽されないようにしています。

▼写真 12.13 レーダ雨量（XRAIN）画像

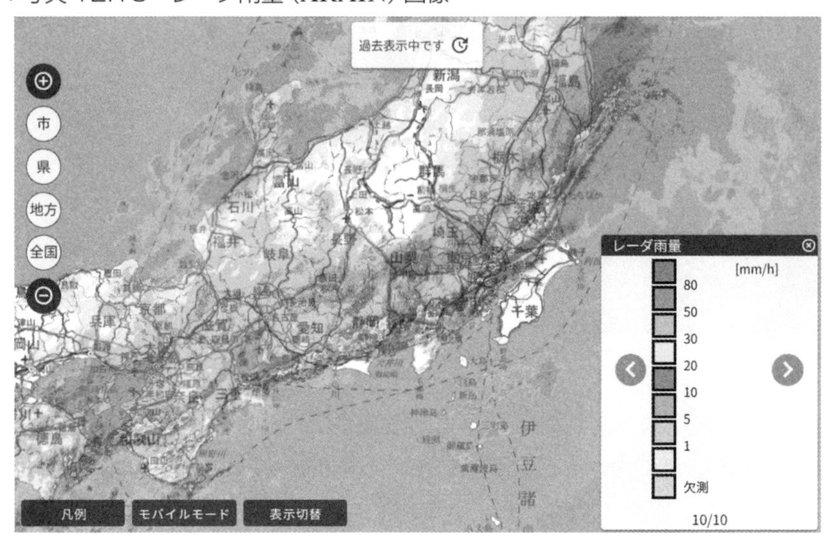

出典：国土交通省「川の防災情報」ホームページ「レーダ雨量（XRAIN）」を加工して作成
（令和５年６月２日17時発表）

12-8 ミリ波用アンテナ

干渉計型電波望遠鏡は、複数のアンテナを離れた場所に設置し、それぞれのアンテナの出力を相関器で相関をとって像を作ります。アンテナの設置間隔を長くすることで巨大なパラボラアンテナと同じ働きをさせます。

電波干渉計のアンテナ

天体を観測する方法として、一般的に天体望遠鏡が使われます。

天体望遠鏡の場合、星や銀河のように光を放つ天体を捉えています。

対して**電波望遠鏡**は、宇宙からの微弱な電波を捉えることで、星間物質の分布を調べられます。写真 12.14 に、電波天文に使用されてきたミリ波干渉計のアンテナを示します。この開口面アンテナは、受信専用のアンテナで直径が 10m あります。

6 台のアンテナを使って、最大直径 600m 程度の電波望遠鏡になります。観測周波数は 80 ~ 230 GHz におよび、解像力は最大 0.0003 度でした。

2013 年以降は、チリ北部のアタカマ砂漠で運用されていて、直径 7m と 12m のパラボラアンテナ 66 台を組み合わせた最大直径 18.5km の電波望遠鏡になっています。

電波望遠鏡の周辺施設では、携帯電話などからの電波が観測業務に支障を来すため、通話していなくても電源を切っておく必要があります。

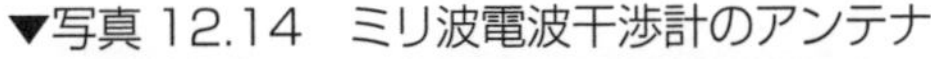
▼写真 12.14　ミリ波電波干渉計のアンテナ

12-9 アマチュア無線のアンテナ

アマチュア無線局に運用を許可されている周波数は、広い範囲におよんでいます。アマチュア局のアンテナでは、創意工夫をされているものが多く使用されています。

アマチュア無線のアンテナ

アマチュア無線に許可されている周波数帯は、船舶無線や航空無線等の業務無線局と比較すると多く、周波数の低い135kHz帯の長波から10.4GHz帯のセンチ波まで幅広い周波数帯が使えます。アマチュア無線局で使用可能な周波数帯を表12.1に示します。

表12.1　アマチュア無線局で使用可能な周波数帯

名称	英略称	周波数帯
長波	LF	135kHz帯
中波	MF	475kHz帯
		1.9MHz帯
短波	HF	3.5MHz帯
		3.8MHz帯
		7MHz帯
		10MHz帯
		14MHz帯
		18MHz帯
		21MHz帯
短波	HF	24MHz帯
		28MHz帯
超短波	VHF	50MHz帯
		144MHz帯
極超短波	UHF	430MHz帯
		1,200MHz帯
		2,400MHz帯
センチ波	SHF	5.6GHz帯
		10.1GHz帯
		10.4GHz帯

表 12.1 の周波数の中で、遠距離のアマチュア局と楽に交信できるのが、3 ～ 30 MHz の短波帯です。

写真 12.15 に示すのは、主に海外のアマチュア局と交信することを目的に設置された短波用のアンテナです。このアンテナは、大学キャンパスの広い敷地内に建てられており、アンテナの下には専用の無線室があります。

▼写真 12.15　アマチュア無線局の短波用アンテナ
（芝浦工業大学無線部提供）

アマチュア無線は、低い周波数から高い周波数まで許可されている周波数が多いため、周波数の違いによる交信距離や自作したアンテナ性能を確認することができます。

例えば、短波帯の 7 MHz の水平ダイポールアンテナの場合、アンテナ長は約 21m になります。そこで、限られた敷地内で交信できるよう、アンテナとコイルを組み合わせてアンテナ長を短くしたものや、直径 1m 程度の円形型マグネチック・ループ・アンテナを使った通信実験が行われています。

写真12.16に、7MHz帯用の円形型マグネチック・ループ・アンテナを示します。円の頂点にある固定コンデンサと固定コンデンサの直下にある可変コンデンサを使って、7,000〜7,200kHzに調整できるようにしています。

▼写真12.16　円形型マグネチック・ループ・アンテナ

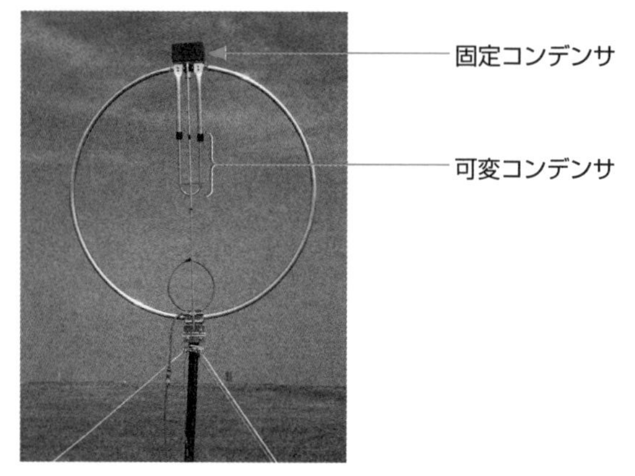

第13章

電波の伝わり方

真空中では、どんな周波数の電波でも直進します。しかし、我々が住んでいる地球には大　気や電離層などがあるため、周波数の違いにより電波の伝わり方が異なります。

電波伝搬は地上波伝搬、対流圏伝搬、電離層伝搬があります。本章では、長波（LF）、中波（MF）、短波（HF）、超短波（VHF）、極超短波（UHF）などの電波の伝わり方を概観し、各種業務で使用されているVHFおよびスマホやテレビなどで使用されているUHF帯の電波の伝わり方について少し詳しく解説します。

13-1

電波の伝わり方の種類

電波は、真空中では1秒間に30万km進みますが、大気中や電離層中などの媒質内では遅くなります。電波は真空中では直進しますが、大気中では上空に行くほど、屈折率が小さくなるため下方に彎曲して伝搬します。

地球の気層分布と名称

地球の地面に近い方から「**対流圏**」(0 ～ 12km 程度)、「**成層圏**」(12 ～ 50km 程度)、「**中間圏**」(50 ～ 80km 程度)、「**熱圏**」(80 km 以上) と呼んでいます。

熱圏の濃い電離気体層を「**電離層**」(80 ～ 500km 程度) といいます。

各気層の特徴をまとめたものを表 13.1 に示します。

電波の伝わり方の種類

電波の伝わり方には、「地上波伝搬」、「対流圏伝搬」、「電離層伝搬」の 3 つがあります。電波の伝わり方の名称をまとめたものを図 13.1 に示します。

表13.1　各気層の特徴

気　層	特　徴
対流圏	高さが100m上がると温度が約0.6°C下がる。地球の大気の約75%が存在。水蒸気のほとんどは対流圏にある。
成層圏	成層圏下部では温度一定であるが、それより高くなると、オゾンが太陽の紫外線などを吸収するため高さとともに気温が上がる。
中間圏	高さとともに気温が下がり、高度80kmで約－80°Cになり、空気がある上限の高さでもある。
熱　圏	高さとともに気温が上がり、高度1000kmで1000°C程になる。原子が電離して、電子とプラスのイオンになって存在している。電子やプラスのイオン密度の高い層を電離層という。

図13.1 電波の伝わり方

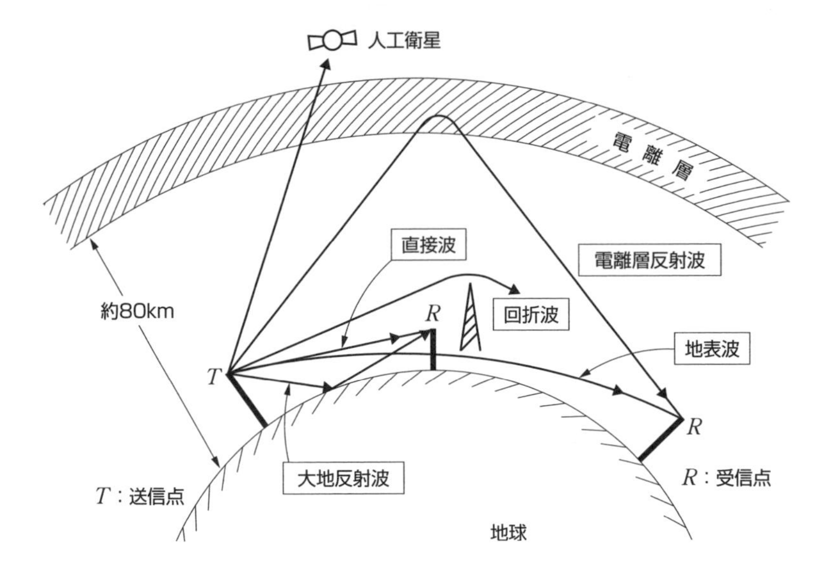

●**地上波伝搬**

送受信点間の距離が比較的近く、大地、山、海、建築物などの影響を受けて伝搬する電波を「**地上波伝搬**」といいます。地上波伝搬には、「直接波」、「大地反射波」、「地表波」、「回折波」があります。

それぞれの特徴は次のとおりです。

(A) 直接波：送信アンテナから受信アンテナに直接到達する電波。

(B) 大地反射波：送信アンテナから発射された電波が地面で反射し受信アンテナに到達する電波。

(C) 地表波：地表面に沿って伝搬する電波。波長が短くなると地表面による損失が増加する。

(D) 回折波：見通し距離外の山岳の陰などに回り込んで到達する電波。

●対流圏伝搬

対流圏では、高度が高くなるにしたがって大気が薄くなります。温度は高度100m につき約 0.6℃低下します。大気が薄くなると屈折率が小さくなり、電波は下方に彎(わん)曲して伝わります。電波が対流圏の影響を受けて伝わるのを「**対流圏伝搬**」といいます。

●電離層伝搬

電離層は、太陽からの紫外線、X 線などが、大気中の分子や原子を**自由電子**と**イオン**に電離させて生じる層のことをいいます。電子の生成量は、紫外線が強いほど多くなり、大気の分子が多いほど多くなります。

電子は、生成と消滅を繰り返しており、バランスを保っている部分が電離層です。電離層は太陽活動、季節、時刻などにより時々刻々と変化し、短波帯以下の周波数の電波が伝搬に影響を与える電波伝搬を「**電離層伝搬**」といいます。

(A) 電離層の種類と性質

電離層の種類と特徴を表 13.2 に示します。

表 13.2　電離層の種類と特徴

電離層名	地上高	特徴
D層	約80km	・昼間に発生し夜間は消滅するので、日の出、日の入り時に電界強度が変動する。夏季に、より発達する。
E層	約100km	・季節、昼夜による高さの変化はほとんどない。 ・電子密度は太陽活動の影響を受け、季節、昼夜により変化する。夜間は昼間より電子密度が減少する。 ・日本では、夏季の昼間にスポラディックE層が現れ、VHF帯では小電力であっても遠距離通信が可能になることがある。
F層	約200km～ 約400km	・高さは、昼間より夜間が高く、冬季より夏季が高い。 ・昼間はF_1層とF_2層に分れるが、夜間は1つになる。 ・夜間は昼間より電子密度が減少する。 ・電子密度はE層より大きい。

補足：電離層を見つけたのは、イギリスのノーベル賞受賞者のアップルトン氏で、「E 層」と命名しました。その後、E 層より高い場所に反射層が見つかり「F 層」と命名されました。また、E 層より低い場所に反射層が見つかり「D 層」と命名されました。そのため、A 層～C 層はありません。

(B) 電離層による電波の減衰

電波が電離層を突き抜けるときに受ける減衰を第一種減衰、電波の反射点付近における吸収を第二種減衰といいます。

第一種減衰は、D 層と E 層で鋭く起こります。中波 AM ラジオ放送で使用している電波の周波数は、特に昼間は D 層と E 層で多くが吸収されるため、ほとんどが地上波のため遠くの放送局は聞こえません。しかし、D 層が消滅する夜になると、E 層の反射波が強くなり遠方の放送局が聞えるようになります。

13-2
各周波数帯の電波伝搬の特徴

長波帯 (LF)、中波帯 (MF)、短波帯 (HF)、超短波帯 (VHF)、極超短波帯 (UHF)、マイクロ波帯 (SHF、EHF) の電波は、次のような伝わり方をします。

周波数帯ごとの電波伝搬

●長波 (LF) の伝搬

- 地球の表面に沿って伝搬する地表波が主体で、周波数が低いほど減衰が少ない。
- 昼間は D 層が出現し電波の吸収が増え、夜間と比べ電界強度が低下する。
- 雑音が多い周波数帯であるので大電力で送信する必要がある。
- 散乱や回折を起こさない。
- 垂直偏波が多く使用される。

●中波 (MF) の伝搬

- 近距離の伝搬は地表波が主体である。
- 遠距離間通信の場合は電離層伝搬が主体となる。下部電離層 (D 層、E 層) で電波が吸収されるが D 層は夜間には消滅するので、夜間は電界強度が大きくなる。

●短波 (HF) の電波伝搬

- 電離層の反射を利用した電波伝搬で、小電力でも遠距離通信が可能である。
- 太陽活動、季節、時刻によって、電離層の状態が変化するので最適な周波数を選択する必要がある。安定した通信は困難。
- デリンジャー現象や電離層嵐が起こると、突然通信不能になることもある。

●超短波（VHF）の電波伝搬

・基本的に見通内伝搬であるが、山や建物などの障害物の背後にも回折して伝搬することがある。
・電離層は突き抜けて利用できないが、夏の昼間にスポラディック E 層が出現して遠距離通信ができることがある。
・直接波と大地反射波が伝搬する。
・見通し距離内で生ずる直接波と大地反射波による受信電波の強度の干渉じま（電界強度の変化）は、波長が長いほど粗くなる。
・送信点からの距離が見通し距離より遠くなると、波長が短くなるほど受信電界強度の減衰が大きくなる。

●極超短波（UHF） の電波伝搬

・電離層は突き抜けて利用できない。
・地上波伝搬と対流圏伝搬波を使用する。見通し距離内の通信では、直接波と大地反射波が利用される。
・同一送信点から放射された UHF 電波は VHF 電波に比べ、受信アンテナの高さを変えると電波の強さが大きく変化する。
・UHF 電波は VHF 電波に比べ、建造物、樹木などの障害物による減衰が大きい。

●マイクロ波（SHF、EHF）の電波伝搬

・直進性が強く光に近い伝わり方で見通内通信に使用される。
・標準大気中では、高度が高くなると屈折率が減少するため、一般の地球の半径より大きな半径の円弧状の伝搬路に沿って伝搬する。
・見通し距離より遠くなると、受信電界強度の減衰が大きくなる。
・宇宙雑音の影響が少ない。

13-3

超短波（VHF）帯・極超短波（UHF）帯の電波の伝わり方

VHF帯およびUHF帯の電波の伝搬は、基本的に見通し距離内です。ここでは、「真空中の見通し距離」と「大気中の見通し距離」の求め方と違いについて説明します。

VHF帯とUHF帯の電波伝搬

VHF帯および UHF 帯の電波は、船舶無線や航空無線、警察無線、消防無線、鉄道無線、スマホ、テレビなど多方面で使われており、その電波の伝わり方は基本的には見通し距離内となりますが、地球は丸く、地上からの高度が高くなるにつれて温度が低下し屈折率が変化するため単純ではありません。

電波の通路上に山岳がある場合には、電波は複雑に伝搬して、回折して山の裏側に回り込むこともあります。

真空中の見通し距離

大気が無いと仮定した地球では、電波はどのように伝わるのでしょうか？

真空中の見通し距離（幾何学的見通し距離）を求めてみましょう。

図 13.2 に示すように、高さ h〔m〕のアンテナから電波を水平方向に発射するとします。ただし、地球の半径 R を 6,370 km、光学的な可視距離を d〔m〕とします。

図 13.2　見通し距離の電波の伝わり方

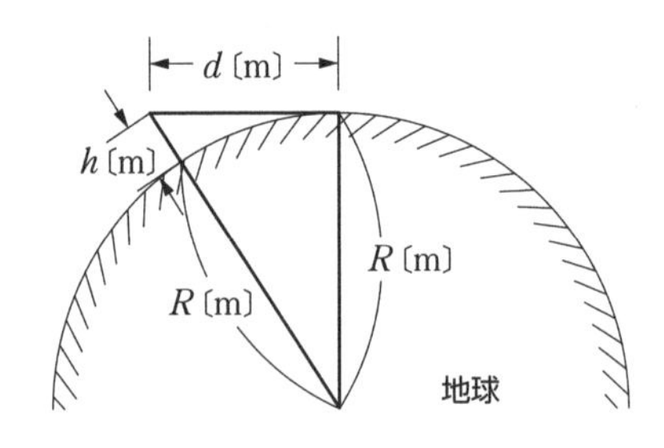

ピタゴラスの定理を使用して、d〔m〕を求めます。

補足：h^2 は、$2Rh$ と比較すると極めて小さいので省略します。

$$d = \sqrt{(R+h)^2 - R^2} = \sqrt{R^2 + 2Rh + h^2 - R^2} = \sqrt{2Rh + h^2} \fallingdotseq \sqrt{2Rh} \quad \cdots (13.1)$$

式（13.1）に地球の半径 $R = 6.37 \times 10^6$〔m〕を代入すると次のようになります。

$$d = \sqrt{2Rh} = \sqrt{2 \times 6.37 \times 10^6 \times h} = \sqrt{12.74h} \times 10^3 \fallingdotseq 3.57\sqrt{h} \times 10^3 \ \text{〔m〕} \quad \cdots (13.2)$$

式（13.2）の単位〔m〕を〔km〕単位に変換すると、見通し距離 d〔m〕は次式になります。

$$d = 3.57\sqrt{h} \ \text{〔km〕} \quad \cdots (13.3)$$

図 13.3 に示すように、送信アンテナの高さを h_1〔m〕、受信アンテナの高さを h_2〔m〕とすると、次式が成り立ちます。

図 13.3　真空中（送受信点間）における電波の伝わり方

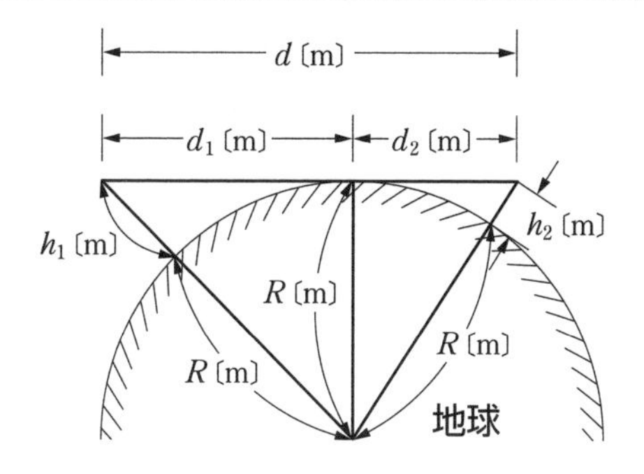

$$d = d_1 + d_2 = 3.57(\sqrt{h_1} + \sqrt{h_2}) \ \text{〔km〕} \quad \cdots (13.4)$$

例えば、高さ $h_1 = 634$ m のスカイツリーの送信アンテナからのテレビ電波を高さ $h_2 = 9$ m の自宅のアンテナで受信すると、その見通し距離は次のようになります。

$$d = 3.57(\sqrt{634} + \sqrt{9}) = 3.57(25.2 + 3) = 100.7 \ \text{km}$$

大気中の見通し距離

我々の住んでいる地球は大気があります。大気のある現実の地球で電波を発射したときの見通し距離（電波の可視距離）を求めてみましょう。

地球は、大気で覆われており、温度や湿度、気圧などが常に変化しており、それに伴って、大気中の屈折率も変化します。

等価地球半径

実際の地球の半径である約 6,370 km に対して、半径を 4/3 倍した仮想の地球の半径は、約 8,493 km となります。地球の半径を約 8,493 km とすると、大気中でも電波が直進するものとして計算することができます。

屈折率は、上空に行くほど小さくなるため電波は、下側に彎曲して伝わります。電波の通路を直線として表した方が、計算は簡単になるため、地球の半径を実際より大きくした地球を考えます。

この仮想の地球半径を等価地球半径といい、実際の地球の半径を 4/3 倍します。等価地球半径と地球半径の比を等価地球半径係数といい「K」で表します。

地球の半径 R を 4/3 倍して計算すると大気中の見通し距離（電波の可視距離）を求めることができます。

式（13.2）の R の代わりに KR を代入すると次式のようになります。

$$d = \sqrt{2KRh} = \sqrt{2 \times (4/3) \times 6.37 \times 10^6 h} \fallingdotseq 4.12\sqrt{h} \times 10^3 \quad \text{〔m〕} \cdots (13.5)$$

式（13.5）の単位〔m〕を〔km〕単位に変換すると、大気中の電波の見通し距離（電波の可視距離）d〔m〕は次式になります。

$$d = 4.12\sqrt{h} \quad \text{〔km〕} \qquad \cdots (13.6)$$

送信アンテナの高さを h_1〔m〕、受信アンテナの高さを h_2〔m〕とすると、大気中の電波の見通し距離（電波の可視距離）d は次式のようになります。

$$d = 4.12(\sqrt{h_1} + \sqrt{h_2}) \text{〔km〕} \quad \cdots (13.7)$$

例えば、高さ $h_1 = 634\,\text{m}$ のスカイツリーの送信アンテナからのテレビ電波を、高さ $h_2 = 9\,\text{m}$ 自宅のアンテナで受信すると、大気中の電波の見通し距離（電波の可視距離）は、次のようになります。

$$d = 4.12(\sqrt{634} + \sqrt{9}) = 4.12(25.2 + 3) = 116.2\ \text{km}$$

▼写真 13.1　スカイツリー

高さ 100 m の飛行場の管制塔と 10,000 m 上空を飛行している航空機と通信可能な距離は、$d = 4.12(\sqrt{100} + \sqrt{10000}) = 4.12(10 + 100) = 453.2\ \text{km}$ になります。

直接波と大地反射波がある場合の電波の伝わり方

自由空間ではなく、図 13.4 に示すような大地反射波が存在する場合は、直接波 r_1 だけでなく、大地反射波 r_2 との合成になり、その電界強度 E〔V/m〕は次のようになります。

図13.4　直接波と大地反射波が存在する場合の電界強度

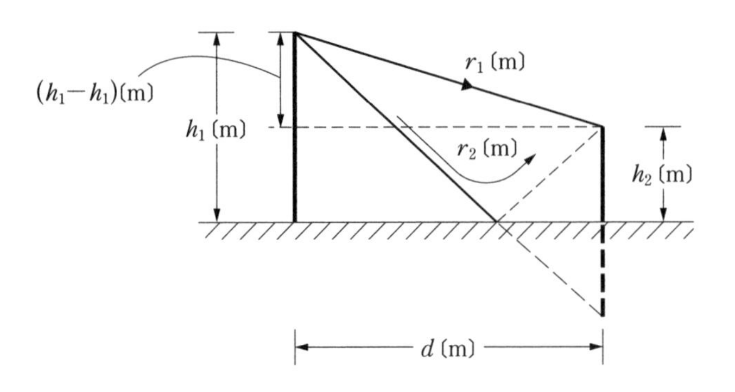

$$E=\frac{4E_0\pi h_1h_2}{\lambda d}\quad〔\mathrm{V/m}〕\qquad\cdots(13.8)$$

ただし、E_0〔V/m〕は、自由空間における電界強度であり、アンテナの相対利得をG、送信電力をP〔W〕とすると、

$$E_0=\frac{7\sqrt{GP}}{d}\quad〔\mathrm{V/m}〕\qquad\cdots(13.9)$$

となります。

この式（13.9）を式（13.8）に代入すると、

$$E=\frac{4\pi h_1h_2}{\lambda d}E_0=\frac{4\pi h_1h_2}{\lambda d}\times\frac{7\sqrt{GP}}{d}=\frac{28\pi\sqrt{GP}h_1h_2}{\lambda d^2}\fallingdotseq\frac{88\sqrt{GP}h_1h_2}{\lambda d^2}\quad〔\mathrm{V/m}〕\qquad\cdots(13.10)$$

となります。

13-4

短波（HF）帯の電波の伝わり方

HF帯の電波の伝搬は、電離層伝搬です。電離層伝搬波は時間帯や季節などの影響を強く受けるため不安定ですが、今でも限定的な業務で使われています。

HF帯の電波伝搬

以前は、国際通信などの遠距離通信は、主にHF帯の周波数が使われていました。

現在では、国際通信は衛星通信や海底ケーブルに代わってきましたが、現在でも漁業無線局と遠洋漁船間通信、短波放送、アマチュア無線などではHF帯の電波が使われています。

このHF帯の電波の伝わり方は、表13.2で示した電離層が重要な役目を果たします。

正割の法則と最高使用可能周波数

地上から真上に向けて電波を発射し、電離層で反射して戻ってくる最高の周波数を臨界周波数 f_c〔Hz〕といいます。

図13.5に示すように、電波を送信点Bから入射角 θ で斜めに電離層に入射すると、臨界周波数以上の周波数の電波でも反射して戻ってきます。戻ってくる最高の周波数を f_{max}〔Hz〕とすると、臨界周波数 f_c〔Hz〕との関係は、次式で与えられ正割の法則（secant law）といいます。

$$f_{max} = f_c \sec\theta \quad \cdots (13.11)$$

図13.5　正割の法則

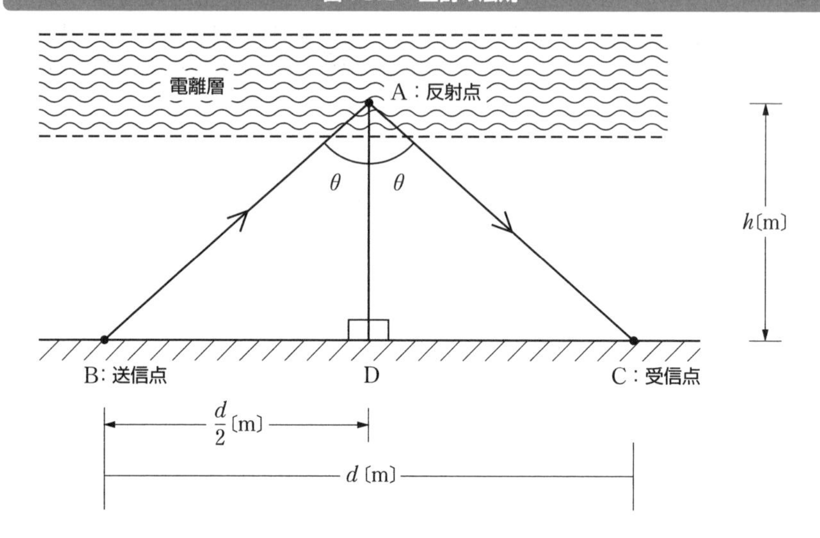

送信点Bと受信点C間で、通信可能な最高の周波数を「**最高使用可能周波数 MUF**（Maximum Usable Frequency）」といいます。

送受信点の距離をd〔m〕、電離層の高さをh〔m〕、最高使用可能周波数をf_{max}〔Hz〕とすると、$\cos\theta = \frac{\overline{AD}}{\overline{AB}} = \frac{h}{\sqrt{h^2+(d/2)^2}}$なので、式（13.11）は次のようになります。

$$f_{max} = f_c \sec\theta = \frac{f_c}{\cos\theta} = f_c \times \frac{\sqrt{h^2+(d/2)^2}}{h} = f_C\sqrt{1+(d/2h)^2} \quad \cdots (13.12)$$

注）$\sec\theta = 1/\cos\theta$

最低使用可能周波数

最高使用可能周波数MUFから周波数を徐々に下げていくと、通信に使用できる限界の周波数になります。この周波数を「**最低使用可能周波数 LUF**（Lowest Usable Frequency）」といいます。

LUFは、「受信点の雑音の電界強度」「送受信用アンテナの利得や指向性」なども関係します。良好な電離層伝搬波は、LUFとMUFの間にあることになります。

短波帯においては、昼間は電離層の電子密度が増えるため、臨界周波数やMUFも上がりますが第一種減衰も増えてLUFも上がります。夜間は電離層の電子密度が減るためMUFもLUFも下がります。

そのため、短波通信回線を運用するには時刻と周波数の見極めが必要になります。

最適使用周波数

送受信点間で通信を行う最適な周波数を、「**最適使用周波数FOT**（Frequency of Optimum Traffic）」といい、FOT = MUF×0.85になります。

索引
INDEX

さ行

た行

な・は行

ま・や・ら行

参考文献

(1) 後藤尚久：「アンテナ工学入門講座」、電波新聞社 (2008)
(2) 後藤尚久：「アンテナがわかる本」、オーム社 (2005)
(3) 新井宏之：「新アンテナ工学」、総合電子出版 (1996)
(4) 奥澤隆志：「空中線系と電波伝搬」、CQ出版 (1989)
(5) 松田豊稔、宮田克正、南部幸久：「電波工学」、コロナ社 (2008)
(6) 清水保定：「写真で学ぶアンテナ」、電気通信振興会 (2010)
(7) 宇田新太郎：「電波工学演習」、学献社 (1969)
(8) 宇田新太郎：「無線工学Ⅰ」、丸善 (1995)
(9) 一之瀬優：「一陸技　無線工学B【アンテナと電波伝搬】完全マスター（第４版）」、情報通信振興会 (2014)
(10) 森下久：「小型アンテナの基礎」、コロナ社 (2011)
(11) 藤田広一：「電磁気学ノート（改訂版）」、コロナ社 (1999)
(12) 竹内薫：「ファインマン物理学」を読む（電磁気学を中心として）、講談社 (2020)
(13) 情報通信振興会編：「航空無線通信士養成課程用教科書 無線工学 第２版」、情報通信振興会 (2014)
(14) 情報通信振興会編：「第一級海上特殊無線技士養成課程用教科書 無線工学 第２版」、情報通信振興会 (2012)
(15) 情報通信振興会編：「第四級海上無線通信士養成課程用教科書 法規 第３版」、情報通信振興会 (2015)
(16) 国土交通省大臣官房技術調査課電気通信室監修：「電気通信施設設計要領（案）・同解説（通信編）平成２５年版」、建設電気技術協会 (2014)
(17) 国土交通省大臣官房技術調査課電気通信室監修：「電気通信施設設計要領（案）・同解説（情報通信システム編）平成２５年版」、建設電気技術協会 (2014)
(18) 小柳修爾：光技術用語辞典（増補改訂版）、オプトロニクス (2000)
(19) 加藤修：“依佐美送信記念館への招待”、RFワールドNo.1、PP.138-143、CQ出版 (2008)
(20) 松井晴彦：“航空機の安全運航を支える航空管制施設”、RFワールドNo.7、PP.8-18、CQ出版 (2009)
(21) 川上春夫：“列車無線用アンテナ”、RFワールドNo.7、PP.73-76、CQ出版 (2009)
(22) 鈴木治：「特集 船舶と無線システム」、RFワールドNo.21、CQ出版 (2013)
(23) 国立研究開発法人情報通信研究機構（NICT）ホームページ：「長波帯標準電波施設」
(URL：https://www.nict.go.jp/pamphlet/long_wJ-panf.pdf) 令和５年５月28日閲覧
(24) 蓮野、関川ほか：“長波標準電波局送信設備について”、PP.55-64、電興技報No.34、(2000)

(25) 総務省編：“AMラジオ放送に係る取組”、令和4年度情報通信白書、PP.147-148、日経印刷（2020）
(26) 総務省ホームページ：「全国民放FM局・ワイドFM局一覧」
(URL：https://www.soumu.go.jp/menu_seisaku/ictseisaku/housou_suishin/fm-list.html）令和5年5月29日閲覧
(27) 小暮裕明、小暮芳江：「コンパクトアンテナの理論と実践」、PP.68-85、CQ出版（2013）
(28) 小暮裕明、小暮芳江：「アンテナの仕組み」、ブルーバックスB-1871、講談社（2014）
(29)（公財）鉄道総合技術研究所鉄道技術推進センター、（一社）日本鉄道電気技術技術協会：「わかりやすい鉄道技術 鉄道概論・電気編」、PP.41-44、平成16年5月発行、平成27年3月第3版第3刷発行
(30)（一財）河川情報センターホームページ：「実務技術者のためのレーダ雨量計講座」
(URL：http://www.river.or.jp/jigyo/radar/314.html）令和5年6月6日閲覧
(31) 国土交通省ホームページ：「川の防災情報」
(URL：https://www.river.go.jp/index）令和5年6月6日閲覧
(32) 国土交通省ホームページ：「電気通信のあらまし」
(https://www.mlit.go.jp/tec/it/denki/index.html）令和5年6月6日閲覧
(33) 国立天文台ホームページ：「ミリ波干渉計」
(https://www.nro.nao.ac.jp/public/teles.html）令和5年7月18日閲覧
(34) 国立天文台編：「干渉計サマースクール2005教科書」
(http://www.astro.sci.yamaguchi-u.ac.jp/jvn/reduction/SS2005text.pdf）
(35) 吉村和昭、安居院猛、倉持内武：「図解　電波のひみつ」、技術評論社（2002）
(36) 倉持内武、吉村和昭、安居院猛：「身近な例で学ぶ　電波・光・周波数」、森北出版（2009）
(37) 吉村和昭：「一陸特　無線工学」、情報通信振興会（2016）
(38) 吉村和昭：「やさしく学ぶ航空無線通信士試験（改訂2版）」、オーム社（2020）
(39) 吉村和昭：「やさしく学ぶ第一級アマチュア無線技士試験（改訂2版）」、オーム社（2023）
(40) 吉村和昭、倉持内武、安居院猛：「電波と周波数の基本と仕組み（第2版）」、秀和システム（2010）
(41) 吉村和昭、倉持内武：「これだけ！電波と周波数」、秀和システム（2015）
(42) 吉村和昭：「5G（前編・後編）」、電気総合誌OHM7月号・8月号、オーム社（2021）

著者紹介

吉村和昭（よしむら　かずあき）

学歴・職歴

東京商船大学大学院博士後期課程修了
東京工業高等専門学校、桐蔭学園工業高等専門学校、桐蔭横浜大学を経て
芝浦工業大学工学部電子工学科非常勤講師
国士舘大学理工学部電子情報学系非常勤講師
博士（工学）
第一級陸上無線技術士
第一級総合無線通信士

主な著書

「最新　電波と周波数の基本と仕組み」秀和システム（2004年）
「電波・光・周波数」森北出版（2009年）
「これだけ！電波と周波数」秀和システム（2015年）
「最新　アンテナの基本と仕組み」秀和システム（2016年）
「エッセンシャル電気回路（第2版）」森北出版（2017年）
「やさしく学ぶ　第一級陸上特殊無線技士試験（第2版）」オーム社（2018年）
「やさしく学ぶ　航空無線通信士試験（第2版）」オーム社（2020年）
「第一級陸上無線技術士試験　やさしく学ぶ　法規（第3版）」オーム社（2022年）

著者紹介

重井宣行（しげい　のぶゆき）

学歴・職歴

九州工業大学大学院情報工学研究科修士課程修了
大阪府立工業高等専門学校　電子情報工学科、
大阪府立工業高等専門学校　総合工学システム学科　電子情報コース、
大阪府立大学工業高等専門学校　総合工学システム学科　電子情報コースを経て
大阪公立大学工業高等専門学校　総合工学システム学科　エレクトロニクスコース教授
修士（情報工学）
第二級陸上無線技術士
第四級海上無線通信士
第一級アマチュア無線技士
一級小型船舶操縦士・特定

主な著書

「最新　アンテナの基本と仕組み」秀和システム（2016年）

図解入門よくわかる
最新アンテナ工学の基本と仕組み

発行日 2023年 9月10日 第1版第1刷

著 者 吉村 和昭／重井 宣行

発行者 斉藤 和邦
発行所 株式会社 秀和システム
〒104-0045
東京都江東区東陽2-4-2 新宮ビル2F
Tel 03-6264-3105（販売）Fax 03-6264-3094
印刷所 三松堂印刷株式会社 Printed in Japan

ISBN978-4-7980-6983-8 C3054